普通高等教育"十二五"规划教材

计算机绘图——AutoCAD 2014

顾东明　杨德星　袁义坤　郭秀欣　编著

电子工业出版社
Publishing House of Electronics Industry
北京·BEIJING

内 容 简 介

本书以AutoCAD 2014中文版为蓝本,以"二维绘图与编辑—绘图环境设置—工程样图绘制与输出"为主线,以初学者快速掌握AutoCAD 2014的二维绘图技能为目的,并结合AutoCAD应用工程师的认证考试编写而成。

全书分7章,主要内容有AutoCAD基础知识,AutoCAD基本编辑命令,AutoCAD绘图命令,绘图环境的设置,文字、块和尺寸标注,工程图形的绘制,图形的输出与打印。在每章的后面都附有思考与练习题,可供读者进行同步上机操作练习。

本书语言简洁,图例经典,可作为高等院校工科类相关专业的教材,培训机构的培训教程,也可作为自学AutoCAD的参考书。

未经许可,不得以任何方式复制或抄袭本书之部分或全部内容。
版权所有,侵权必究。

图书在版编目(CIP)数据

计算机绘图:AutoCAD 2014 / 顾东明等编著. —北京:电子工业出版社,2014.8
普通高等教育"十二五"规划教材
ISBN 978-7-121-23721-8

Ⅰ. ①计… Ⅱ. ①顾… Ⅲ. ①AutoCAD 软件 Ⅳ. ①TP391.72

中国版本图书馆 CIP 数据核字(2014)第 147116 号

策划编辑:张小乐
责任编辑:张小乐
印　　刷:北京虎彩文化传播有限公司
装　　订:北京虎彩文化传播有限公司
出版发行:电子工业出版社
　　　　　北京市海淀区万寿路 173 信箱　邮编:100036
开　　本:787×1092　1/16　　印张:12　字数:270 千字
版　　次:2014 年 8 月第 1 版
印　　次:2022 年 12 月第 12 次印刷
定　　价:29.00 元

凡所购买电子工业出版社图书有缺损问题,请向购买书店调换。若书店售缺,请与本社发行部联系,联系及邮购电话:(010)88254888。
质量投诉请发邮件至 zlts@phei.com.cn,盗版侵权举报请发邮件至 dbqq@phei.com.cn。
服务热线:(010)88258888。

前 言

AutoCAD 已在我国工程技术界得到广泛使用，尤其是近几年 Autodesk 公司在中国的代理商与高等学校和有关研究单位的积极合作，使得 AutoCAD 技术应用更加普及，是 CAD 软件中应用最为广泛的绘制软件，同时也是我国高等院校工科类、艺术设计类学生必须掌握的软件之一。

作者根据多年教学实践经验和教材编写经验，结合学习 AutoCAD 的最佳途径和方法技巧编写本书。作为一个强大的工程软件，AutoCAD 涉及的功能命令有很多。我们认为针对不同的用户应有所用，有所不用，因此本书的编写宗旨也是根据需要有所写，有所不写。在格式上既不同于常见的 AutoCAD 教程，也有异于其他介绍 AutoCAD 使用技巧的书籍。授人以鱼，不如授人以渔，本书侧重命令的实用技巧，而避免占用大量篇幅介绍几个图例的全部作图过程。本书将力求帮助每一位读者用较少的时间来快速提升自己的 AutoCAD 实战水平，希望本书内容和风格形式的创新能够受到使用者的欢迎。

本书以 AutoCAD 2014 中文版为蓝本，以"二维绘图与编辑—绘图环境设置—工程样图绘制与输出"为主线，以初学者快速掌握 AutoCAD 2014 的二维绘图技能为目的，并结合 AutoCAD 应用工程师的认证考试编写而成。

全书共分 7 章，主要内容有 AutoCAD 基础知识，AutoCAD 绘图命令，AutoCAD 基本编辑命令，绘图环境的设置，文字、块和尺寸标注，工程图形的绘制，图形的输出与打印。附录中包含 AutoCAD 常用命令、常用 CAD 快捷键、全国 CAXC 认证考试 AutoCAD 应用工程师考试样卷和全国计算机辅助技术认证考试样卷。

每章的后面都附有思考与练习题，可供读者进行同步上机操作练习。图例经典，几乎涵盖了各种常用命令的使用及设置，读者通过图例的绘制能较快掌握 AutoCAD 二维绘图的基本技能。

本书语言简洁，思路清晰，图例丰富，可作为高等院校工科类专业的教材，培训机构培训教程，也可作为自学 AutoCAD 的初、中级教程和参考书。

本书由山东科技大学顾东明（第 1、2、3、4、6 章）、杨德星（第 7 章）、袁义坤（第 5 章）、郭秀欣（第 6 章、附录）编写，参与编写的还有戚美、梁会珍、刁秀丽、徐辉。全书由顾东明负责统稿，山东科技大学王颖教授审核，王嫦娟教授、王农教授也提出了许多宝贵意见，此外本书的编写也得到了学校有关部门领导和老师的支持与帮助，在此表示感谢。由于编者时间仓促加之水平有限，对书中出现的问题恳请广大读者给予批评指正，在此表示诚挚的感谢！

作 者
2014 年 2 月

目 录

第1章 AutoCAD 基础知识 ... 1
1.1 计算机绘图概述 ... 1
1.2 AutoCAD 2014 的运行环境和启动 ... 1
1.2.1 AutoCAD 2014 的运行环境 ... 1
1.2.2 AutoCAD 2014 的启动 ... 2
1.3 AutoCAD 2014 的工作空间界面 ... 2
1.4 AutoCAD 2014 的初始设置配制 ... 4
1.4.1 设置绘图屏幕颜色 ... 4
1.4.2 设置十字光标大小 ... 5
1.5 AutoCAD 的命令输入方法 ... 5
1.6 坐标的输入方法 ... 6
1.6.1 AutoCAD 坐标系统简介 ... 6
1.6.2 坐标的输入方法 ... 7
1.7 AutoCAD 的文件管理 ... 8
1.7.1 创建新图形文件 ... 8
1.7.2 打开图形文件 ... 9
1.7.3 保存图形文件 ... 9
1.7.4 另存图形文件 ... 11
1.7.5 退出图形文件 ... 11
1.8 AutoCAD 的文件的显示控制 ... 12
1.8.1 实时平移 ... 12
1.8.2 实时缩放 ... 13
1.8.3 重新生成（regen）或全部重生成（regenall） ... 13
1.8.4 重画（redraw） ... 14
思考与练习题 ... 14

第2章 AutoCAD 绘图命令 ... 16
2.1 绘制直线类的命令 ... 16
2.1.1 直线 ... 16
2.1.2 射线 ... 17
2.1.3 构造线 ... 18
2.2 绘制圆和圆弧的命令 ... 19
2.2.1 圆 ... 19

            2.2.2 圆弧 21
    2.3 绘制矩形和正多边形的命令 22
            2.3.1 矩形 22
            2.3.2 正多边形 23
    2.4 绘制椭圆、椭圆弧和圆环的命令 24
            2.4.1 椭圆 24
            2.4.2 椭圆弧 24
            2.4.3 绘制圆环命令 25
    2.5 绘制多段线和样条曲线命令 25
            2.5.1 绘制多段线 25
            2.5.2 样条曲线 26
    2.6 绘制徒手线和修订云线的命令 27
            2.6.1 徒手线 27
            2.6.2 修订云线 28
    2.7 绘制点与对象的等分点命令 29
            2.7.1 设置点样式 29
            2.7.2 点 29
            2.7.3 定数等分点 30
            2.7.4 定距等分点 30
    2.8 绘制多线的命令 31
            2.8.1 设置多线 31
            2.8.2 绘制多线 33
    2.9 图案填充和渐变色 34
            2.9.1 图案填充 34
            2.9.2 渐变色 36
    2.10 面域 36
            2.10.1 创建面域 36
            2.10.2 面域的布尔运算 37
            2.10.3 几何图形与面域的数据查询 39
    思考与练习题 41

第 3 章 AutoCAD 基本编辑命令 47
    3.1 选择对象的方式 47
    3.2 删除、删除恢复、放弃和重做命令 48
            3.2.1 删除 48
            3.2.2 删除恢复 48
            3.2.3 放弃和重做 49
    3.3 复制、镜像、偏移和阵列命令 49

  3.3.1 复制 ··· 49
  3.3.2 镜像 ··· 50
  3.3.3 偏移 ··· 50
  3.3.4 阵列 ··· 51
 3.4 移动和旋转命令 ··· 54
  3.4.1 移动 ··· 54
  3.4.2 旋转 ··· 55
 3.5 缩放命令 ··· 55
 3.6 修剪、拉伸和延伸命令 ··· 56
  3.6.1 修剪 ··· 56
  3.6.2 拉伸 ··· 57
  3.6.3 延伸 ··· 58
 3.7 打断和合并命令 ··· 59
  3.7.1 打断于点 ··· 59
  3.7.2 打断 ··· 59
  3.7.3 合并 ··· 60
 3.8 倒角、倒圆和分解命令 ··· 60
  3.8.1 倒角 ··· 60
  3.8.2 圆角 ··· 61
  3.8.3 分解 ··· 61
 3.9 编辑多段线命令 ··· 62
  3.9.1 编辑多段线 ·· 62
  3.9.2 编辑多段线实例 ·· 63
 3.10 特性命令 ·· 64
 3.11 利用夹点编辑 ·· 65
 思考与练习题 ·· 67

第4章 绘图环境的设置

 4.1 图形界限与单位的设置 ··· 73
  4.1.1 图形界限 ··· 73
  4.1.2 图形单位 ··· 73
 4.2 图层 ··· 74
  4.2.1 图层的概念 ·· 74
  4.2.2 图层的创建与管理 ··· 75
  4.2.3 图层的特性 ·· 76
  4.2.4 图层和对象特性工具栏 ··· 79
 4.3 对象捕捉 ··· 80
  4.3.1 对象捕捉的概念 ·· 80

  4.3.2 对象捕捉模式的设置 ·············· 80
 4.4 辅助绘图工具 ························· 82
  4.4.1 捕捉 ····························· 82
  4.4.2 栅格 ····························· 83
  4.4.3 正交 ····························· 84
  4.4.4 自动追踪 ······················· 84
  4.4.5 动态输入 ······················· 87
 思考与练习题 ······························· 87

第5章 文字、块和尺寸标注 ············ 90
 5.1 文字 ··································· 90
  5.1.1 文字样式的设置 ·············· 90
  5.1.2 文字书写与修改 ·············· 92
 5.2 表格 ··································· 97
  5.2.1 设置表格样式 ·················· 97
  5.2.2 创建表格 ······················· 99
  5.2.3 编辑表格文字 ················ 100
  5.2.4 利用夹点调整列宽 ·········· 100
 5.3 块 ···································· 100
  5.3.1 内部块 ························· 101
  5.3.2 写块（外部块）············· 102
 5.4 尺寸标注 ···························· 104
  5.4.1 设置尺寸样式 ················ 104
  5.4.2 尺寸的标注与修改 ·········· 109
 思考与练习题 ····························· 117

第6章 工程图形的绘制 ·················· 121
 6.1 平面图形的绘制 ··················· 121
 6.2 三视图的绘制 ······················ 123
 6.3 轴测图的绘制 ······················ 126
  6.3.1 斜二轴测图 ··················· 126
  6.3.2 正等轴测图 ··················· 127
 6.4 零件图的绘制 ······················ 136
 6.5 装配图的绘制 ······················ 141
 思考与练习题 ····························· 147

第7章 图形的输出与打印 ··············· 156
 7.1 打印机输出图样 ··················· 156
  7.1.1 模型空间输出图样 ·········· 156

7.1.2 布局空间输出图样 ·············· 159
7.2 电子打印输出图样 ····················· 167
　　　7.2.1 PDF 格式电子图样 ·············· 167
　　　7.2.2 DWF 格式电子图样 ············· 168
思考与练习题 ································ 169

附录 ·· 170
附录 A.1 常用 CAD 命令 ················ 170
附录 A.2 常用 CAD 快捷键 ············· 172
附录 A.3 全国 CAXC 认证考试 AutoCAD 应用工程师考试样卷 ·········· 173
附录 A.4 全国计算机辅助技术认证考试样卷 ····························· 177

参考文献 ····································· 179

第1章 AutoCAD 基础知识

计算机辅助设计（Computer Aided Design，CAD）已经在生产实际中迅速发展并得到使用，尤其是随着计算机硬件的发展，计算机绘图软件得到了突飞猛进的发展，并迅速被普及应用。国内外成功地研制了很多绘图软件，其中美国欧特克公司（Autodesk）研发的 AutoCAD 是一个目前国内外使用最广泛的计算机辅助绘图和设计软件包，现已经成为国际上广为流行的绘图工具，也是工程技术人员应该掌握的强有力的绘图工具。自 1982 年 11 月上市以来，AutoCAD 版本不断更新，功能日趋完善。该软件具有完善的图形绘制功能，强大的图形编辑功能，可采用多种方式进行二次开发或用户定制，可进行多种图形格式的转换，具有较强的数据交换能力，同时支持多种硬件设备和操作平台。AutoCAD 可以绘制任意二维和三维图形，并且与传统的手工绘图相比，用 AutoCAD 绘图速度更快，精度更高，而且便于个性绘图，它已经在航空航天、造船、建筑、机械、电子、化工、美工、轻纺等众多领域得到了广泛应用，并取得了丰硕的成果和巨大的经济效益。

本书主要以 AutoCAD 2014 版本为例介绍 AutoCAD 的工作界面及使用基础。实际上，对于初学者来说并不完全受 AutoCAD 版本的约束，因为基础部分差异不大。

1.1 计算机绘图概述

计算机绘图是利用绘图软件及计算机硬件实现图形显示和辅助绘图与设计的一项技术。常用的硬件有计算机主机，图形输入设备（常见的有鼠标、扫描仪、数字化仪及图形输入板）和图形输出设备（常见的有显示器、打印机及绘图机）。

1.2 AutoCAD 2014 的运行环境和启动

1.2.1 AutoCAD 2014 的运行环境

1. 32 位的 AutoCAD 2014 对系统配置要求

操作系统：Win7、Vista、XPsp2。处理器：英特尔奔腾 4、AMD Athlon 双核处理器 3.0 GHz 或英特尔、AMD 的双核处理器 1.6 GHz 或更高，支持 SSE2；内存 2 GB 以上，建议 4 GB；10 GB 空闲磁盘空间进行安装；1280×1024 真彩色视频显示器适配器；128 MB 以上独立图形卡；微软 Internet Explorer 7.0 或更高版本。

2. 64 位的 AutoCAD 对系统配置要求

操作系统：Win8、Win7、Vista。处理器：英特尔奔腾 4、AMD Athlon 双核处理器 3.0 GHz 或英特尔、AMD 的双核处理器 2 GHz 或更高，支持 SSE2；内存 2 GB 以上，建议 4 GB；

10 GB 空闲磁盘空间进行安装；1280×1024 真彩色视频显示器适配器；128 MB 以上独立图形卡；Internet Explorer 7.0 或更高版本。

1.2.2　AutoCAD 2014 的启动

AutoCAD 2014 安装后桌面出现快捷方式图标，如图 1-1 所示，双击图标即可启动 AutoCAD 2014。

图 1-1　AutoCAD 2014 快捷方式图标

1.3　AutoCAD 2014 的工作空间界面

AutoCAD 的界面是用户与计算机进行交互对话的窗口。AutoCAD 在不断地整合变换着新的工作界面，但主要的功能基本上保持一致。因此，了解 AutoCAD 界面各部分的名称、功能及操作方法是十分重要的。如图 1-2 所示，是 AutoCAD 2014 的经典工作空间界面，图 1-3 所示是 AutoCAD 2008 的经典工作空间界面。

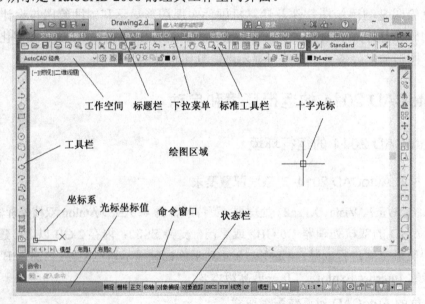

图 1-2　AutoCAD 2014 经典工作空间界面

（1）标题栏：标题栏主要显示 AutoCAD 的版本，它在应用程序窗口的最上部，并显示当前正在运行的程序名及所装入的文件名。右侧为最小化、最大化/还原和关闭按钮。

第 1 章 AutoCAD 基础知识

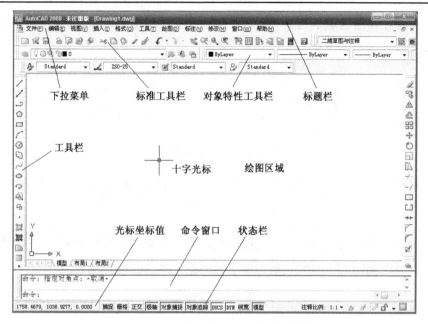

图 1-3 AutoCAD 2008 经典工作空间界面

（2）AutoCAD 主菜单：AutoCAD 有 12 个下拉主菜单，如图 1-4 所示。这些菜单包含了 AutoCAD 绘图、编辑以其他各种操作功能的命令。只有 AutoCAD 的一些系统变量命令不在其内，但在命令对话框中以各种参数设置形式表现。

图 1-4 主菜单栏

（3）工具栏：工具栏是一种代替文字命令或下拉菜单命令的简便图标工具，用户利用它们可以完成绝大部分的绘图工作。

用户可通过下拉菜单【视图】（View）中的【工具栏】（Toolbars）选项来开关各种工具栏，最简便的方法是将光标放在任意一个工具栏上单击鼠标右键来打开或关闭某一个工具栏。

AutoCAD 提供了 44 个工具栏，以方便用户访问常用的命令、设置和模式。一般情况下，【标准】（Standard）（见图 1-5）、【特性】（Object Properties）、【绘图】（Draw）、【修改】（Modify）或用户常用的工具栏均应打开。工具栏的打开或关闭视作图方便而定，也可以改变、固定或浮动工具栏。固定工具栏将工具栏锁定在 AutoCAD 窗口的顶部、底部或两边。浮动工具栏可以在屏幕上自由移动放置。

图 1-5 【标准】工具栏

（4）图形窗口：图形窗口也叫绘图区域，它是用户显示和绘制图形的区域。

（5）命令窗口：命令窗口是一个可固定或浮动的窗口，可以在里面输入各种命令，AutoCAD 将予以显示消息，提示操作。用户可以调整命令窗口的高度，也可以将命令窗口变为浮动的并放在绘图区域的任意处。单独的命令窗口如图 1-6 所示。通过组合键"Ctrl+9"可以方便打开或关闭命令窗口。

图 1-6　命令窗口

（6）状态栏（辅助绘图工具栏）：初学者直接将【极轴】、【对象捕捉】和【对象追踪】按钮按下即可方便绘图，如图 1-7 所示，详细操作方法见第 4 章。

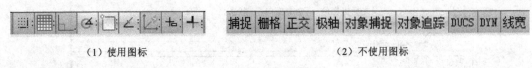

（1）使用图标　　　　　　　　　　（2）不使用图标

图 1-7　状态栏

1.4　AutoCAD 2014 的初始设置配制

1.4.1　设置绘图屏幕颜色

默认情况下，AutoCAD 绘图屏幕图形的背景色是黑色，但是可以在下拉菜单【工具】中的打开【选项】→【显示】选项卡对话框进行设置，如图 1-8 所示，单击【颜色】按钮，可以改变屏幕图形的背景色为指定的颜色，如图 1-9 所示，通常将二维空间背景颜色改成白色。

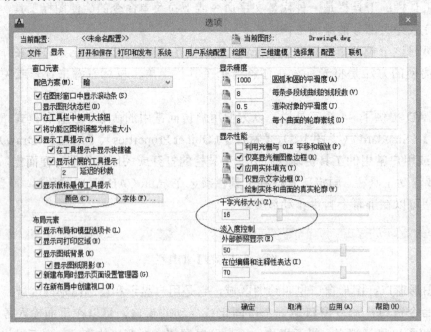

图 1-8　【选项】的【显示】选项卡对话框

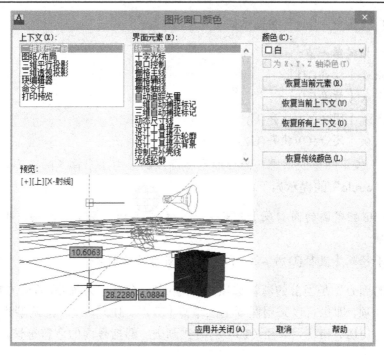

图 1-9 【图形窗口颜色】对话框

1.4.2 设置十字光标大小

拖动图 1-8 中调节十字光标大小的滑块，可改变光标的大小。

1.5 AutoCAD 的命令输入方法

AutoCAD 绘图主要通过命令的方式进行，系统的设置则通过菜单或对话框进行。命令输入有 6 种方法，见表 1-1 所示。

表 1-1 AutoCAD 命令输入的方法

序号	操 作 类 型	主要操作方式
1	下拉菜单	鼠标或键盘
2	工具栏	鼠标
3	快捷菜单	鼠标
4	命令行键盘输入命令全名或别名	键盘
5	快捷键	键盘
6	屏幕菜单	鼠标或键盘

不管使用何种方法输入命令，命令窗口中的提示信息和顺序均相同，提示信息的格式如下：

当前操作指示或[选项]<当前值>：方括号"[选项]"里是本操作可用的选项，从 AutoCAD 2014 版本开始，"[选项]"采用超级链接，可以直接用鼠标单击"[选项]"来选择某一项；也可用键盘输入其对应的关键词后再按"回车"键。尖括号"<当前值>"里为当前默认的数值，直接按回车键即可，也可输入新值再按回车键。

例如，画直线命令"line"的提示如下：

命令：_line 指定第一点：
指定下一点或 [放弃(U)]：
指定下一点或 [放弃(U)]：
指定下一点或 [闭合(C)/放弃(U)]：
指定下一点或 [闭合(C)/放弃(U)]：c↙

注意："↙"表示回车的意思，命令前带下画线部分为用户输入的内容。

画圆命令"circle"的提示如下：

命令：_circle 指定圆的圆心或 [三点（3P）/两点（2P）/相切、相切、半径（T）]：指定点或输入选项

指定圆的半径或 [直径(D)] <20>:20（给出圆的半径）↙

"指定圆的圆心"是当前的默认选项，表示指定一个点作为圆心，后面方括号"[   ]"里是其他可用选项，即也可以采用圆周上三个点 [三点（3P）]、直径的两端点 [两点（2P）] 或相切加半径 [相切、相切、半径（T）] 的方式画圆。圆括号内的字符是该选项的关键字，大、小写均可。

注意：AutoCAD 一条命令正常执行完成后会自动结束。如果想终止正在执行的命令须按 Esc 键。

1.6 坐标的输入方法

1.6.1 AutoCAD 坐标系统简介

AutoCAD 系统为用户提供了一个绝对的坐标系，即世界坐标系（WCS），如图 1-10（1）所示。通常，AutoCAD 构造新图形时将自动使用 WCS。虽然 WCS 不可更改，但可以从任意角度、任意方向来观察或旋转。

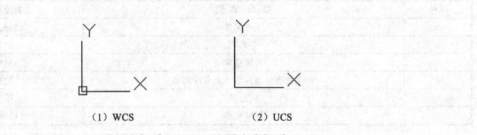

图 1-10 世界坐标系（WCS）和用户坐标系（UCS）

相对于世界坐标系（WCS），用户可根据需要创建无限多的坐标系，这些坐标系称为用户坐标系（User Coordinate System，UCS）如图 1-10（2）所示。用户使用"UCS"命令来对 UCS 进行定义、保存、恢复和移动等一系列操作。

1.6.2 坐标的输入方法

AutoCAD 坐标可分为直角坐标、极坐标、球面坐标、柱面坐标。二维绘图常用的坐标输入方式有以下 4 种。

1. 绝对直角坐标

绝对坐标是以当前坐标系原点为输入坐标值的基准点，输入点的坐标值都是相对于坐标系原点（0，0）的位置而确定的，如（20，30），即可用绝对直角坐标指定一个点。

2. 相对直角坐标

相对坐标是以前一个输入点为输入坐标值的参考点，输入点的坐标值是以前一个点为基准而确定的，用户可以用（@x，y）的形式输入相对坐标，如（@20，30），即可用相对直角坐标指定一个点。

3. 绝对极坐标

绝对极坐标是以原点为极点。通常用"r<α"的形式来表示，用户可以输入一个长度数值，后跟一个"<"符号，再加一个角度值，如 100<45，即可用绝对极坐标指定一个点。

4. 相对极坐标

相对极坐标通过相对于某一点的极长距离和偏移角度来表示。通常用"@r<α"的形式来表示相对极坐标。其中@表示相对，r 表示极长，α 表示角度，如@100<30，即可用相对极坐标指定一个点。

动态输入是输入点的相对坐标值的一种便捷方法。

① 便捷输入相对直角坐标。在动态输入未开启的状态下，输入一个点的相对坐标需要加"@"符号，但如果开启了动态输入，则无须加"@"符号，直接输入相对坐标值，中间以逗号隔开即可。

② 便捷输入相对极坐标。以绘制直线为例。要绘制一条直线长度为 100，与 X 轴正方向的夹角为 45°。如果没有开启动态输入，指定第一点之后，需要在命令行输入@100<45。如果开启了动态输入，指定第一点后，可直接按 Tab 键在长度和角度之间切换，输入相应值即可，如图 1-11 所示。

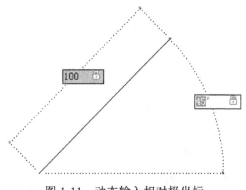

图 1-11　动态输入相对极坐标

注意：这里应当输入的长度值是直线的实际长度值，角度值是直线与 X 轴正方向构成的角度。

1.7 AutoCAD 的文件管理

在 AutoCAD 图形绘制过程中，应当养成有组织地管理文件的良好习惯，并能够有效地进行文件管理。用户自己建立的文件名应当遵循简单明了和易于记忆的原则。

1.7.1 创建新图形文件

1）功能
用户建立自己的图形文件。
2）命令的输入
（1）命令行：new
（2）菜单：【文件】→【新建】
（3）工具栏：【标准】中
3）操作过程

在绘图之前执行命令，AutoCAD 将弹出【选择样板】的对话框，如图 1-12 所示，在文件类型下拉列表中有 3 种文件格式，用户可以选择图形样板文件（*.dwt）、图形文件（*.dwg）或标准文件（*.dws）。使用样板文件开始绘图可以在保持图形设置的一致性的同时大大提高绘图效率。用户可以根据自己的需要设置新的样板文件。

一般情况下，在【打开】的下拉选项中可选择公制的无样板打开方式，以建立新文件进行练习，如图 1-13 所示。

图 1-12 【选择样板】对话框

图 1-13 【打开】的下拉选项

1.7.2 打开图形文件

1)功能

用户打开已有的图形文件。

2)命令的输入

(1)命令行:open

(2)菜单:【文件】→【打开】

(3)工具栏:【标准】中

3)操作过程

在执行上述命令后 AutoCAD 将弹出图 1-14 所示的【选择样板】对话框,并从中选择文件类型或要打开的文件名,在预览窗口中观察图形后,即可打开图形文件进行编辑绘图。

图 1-14 【选择样板】对话框

1.7.3 保存图形文件

1)功能

用户绘制图形后,需要将图形文件保存到磁盘中。

2)命令的输入

(1)命令行:qsave

(2)菜单:【文件】→【保存】

（3）工具栏：【标准】中 🖫

3）操作过程

在执行上述命令后 AutoCAD 将弹出【图形另存为】对话框，当前编辑并已命名的图形直接存入磁盘，所选的路经保持不变，如图 1-15 所示。

图 1-15 【图形另存为】对话框

4）说明

为防止意外操作、断电或计算机系统故障导致正在绘制的文件丢失，可以在【工具】→【选项】中的文件、打开和保存标签中对图形文件自动保存路径、格式等进行设置。

（1）图形文件自动保存路径：在【选项】对话框的【文件】选项中，单击自动保存文件位置进行设置，如图 1-16 所示。

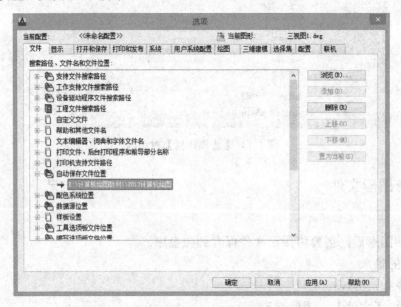

图 1-16 【选项】的【文件】选项卡对话框

（2）文件保存设置：在【选项】对话框的【打开和保存】选项中，设置保存所有文件时的默认格式和自动保存时间。注意，文件保存格式尽量设置为较低版本的，如图1-17中，设置为AutoCAD 2004/2004LT 图形（*.dwg），以便在低版本的AutoCAD上打开。自动保存时间间隔分钟数可以设置为1~5，如图1-17所示。

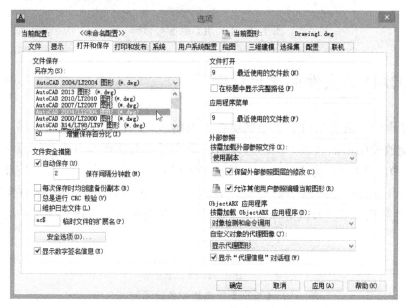

图1-17 【选项】的【打开和保存】选项卡对话框

1.7.4 另存图形文件

1）功能

用户绘制图形后，需要将图形文件保存到指定磁盘中。

2）命令的输入

（1）命令行：saveas

（2）菜单：【文件】→【保存】

（3）工具栏：【标准】中 💾

3）操作过程

在执行上述命令后，将弹出【图形另存为】对话框，如图1-15所示。既可以给未命名的文件命名或更换当前图形的文件名，也可以选择文件类型的版本、路径。

1.7.5 退出图形文件

当绘制完图形，并将文件存盘后，就可以退出系统。

在【文件】菜单中选择【关闭】命令，只是关闭当前正在作图的图形文件，并没有完全退出AutoCAD。如果图形修改过未执行保存命令，那么在退出AutoCAD系统时会弹出报警对话框，如图1-18所示，提示在退出AutoCAD系统之前是否存储文件，以防止图形文件丢失。

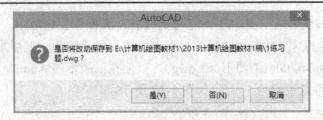

图 1-18 【关闭】报警对话框

1.8 AutoCAD 的文件的显示控制

在作图过程中，需要实时显示控制屏幕上的图形，以便观察图形和作图。但是，显示控制命令不能改变图形的性质，虽然显示方式改变了，但图形本身在坐标系中的位置和尺寸均未改变。图 1-19 所示为【标准】工具栏中常用的显示图标按钮。显示控制命令一般是 AutoCAD 中的透明命令，透明命令是一种可以插入到另一命令的过程中执行的命令。AutoCAD 中的绘图、编辑修改等命令是一般命令，此类命令不能插入到另一命令的过程中执行。

图 1-19 【标准】工具栏中的显示控制命令

说明：透明命令的执行方式一般是从工具栏中直接单击透明命令，然后执行操作，退出时单击鼠标右键，在弹出的菜单中选择退出即可。

1.8.1 实时平移

1）功能

将整幅图面进行平移。

2）命令的输入

（1）命令行：pan

（2）菜单：【视图】→【平移】（见图 1-20）

（3）工具栏：【标准】中

图 1-20 【平移】命令的下拉菜单

3）操作过程

实时平移"pan"命令是执行该命令后，按住鼠标左键拖动鼠标，即可实时、上下、左右移动整个图形。也可直接按住鼠标的滚轮进行拖动。

1.8.2 实时缩放

1）功能

放大或缩小当前视图的显示。不改变视图中对象的绝对大小，仅改变视图显示的比例。

2）命令的输入

（1）命令行：zoom（Z）

（2）菜单：【视图】→【缩放】（见图1-21）

（3）工具栏：【标准】中 ![] （实时缩放），![] （窗口缩放），![] （缩放上一个）

图1-21 【缩放】命令的下拉菜单

3）操作过程

命令：z（zoom）

指定窗口角点，输入比例因子（nX 或 nXP），或

[全部(A)/中心点(C)/动态(D)/范围(E)/上一个(P)/比例(S)/窗口(W)] <实时>:

按"Esc"键或"Enter"键退出，或单击鼠标右键显示快捷菜单。

4）说明

虽然"zoom"命令的选项比较多，常用的主要有：

全部（A）：将图形界限范围（limits 定义的范围）内的所有图形完整地显示在屏幕上。若图形超出图形界限，则显示全部图形。

比例（S）：改变屏幕显示图形的比例因子，从而放大或缩小整个图形。

提示：比例因子的输入，若输入比例因子 0.5，表示按 0.5 倍对图形界限进行缩放；0.5X，表示按 0.5X 倍对当前屏幕进行缩放；0.5XP，表示按 0.5 倍对当图形空间进行缩放。

上一个（P）或 ![]：显示上一次通过 zoom 或 pan 命令显示的图形，最多可以返回 10 个 zoom 或 pan 命令形成的图形。

窗口（W）或 ![]：显示放大或缩小的当前视图窗口中图形的外观尺寸。

1.8.3 重新生成（regen）或全部重生成（regenall）

执行"regen"命令后，当前视图窗口中将重生成整个图形。

执行"regenall"命令后,将重新生成整个图形并刷新所有视图窗口。

1.8.4 重画(redraw)

执行该命令后,将刷新屏幕作图区或当前视图窗口的显示,并擦去残留的光标点。

思考与练习题

1.1 如何启动和关闭 AutoCAD?

1.2 熟悉 AutoCAD 2014 工作空间界面,并将工作界面设置成经典界面。

1.3 将 AutoCAD 2014 经典界面的绘图区域背景设置为白色。

1.4 新建图形文件,文件名为"T1-dwg",并将其保存在 D 盘中的 TJSJHT 文件夹中。

1.5 打开文件"T1-dwg",将其另存为"CADT1-dwg",文件类型为 AutoCAD 2004 图形文件。

1.6 将光标放在 AutoCAD 2014 经典工作空间界面中的不同位置,观察有何变化?

1.7 将 AutoCAD 界面中的【标注】工具栏打开,并拖放到绘图区域的右边竖放,再关闭此工具栏。

1.8 将光标停留在【标准】工具栏的 ⍐ (大约 2s)观察会出现什么提示?

1.9 AutoCAD 界面中的工具栏全部不显示时,如何将工具栏调出?

1.10 AutoCAD 绘图时点的坐标有哪几种输入方式?如何输入?应注意哪些问题?

1.11 AutoCAD 文件在保存或另存时为何要存为较低版本类型的文件?

1.12 根据点的坐标输入法,用直线命令"line"绘制下列图形,图形的起点自定,如练习题图 1-1~1-3 所示。

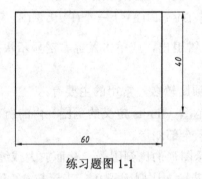

练习题图 1-1

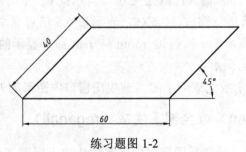

练习题图 1-2

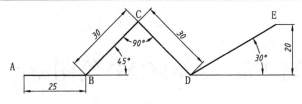

练习题图 1-3

1.13 用显示命令对练习题图 1-1～1-3 进行操作控制练习。

第 2 章 AutoCAD 绘图命令

任何图形都由基本图形元素组成，如点、直线、圆、圆弧、椭圆、矩形，多边形等几何元素。AutoCAD 为帮助用户完成二维图形的绘制，提供了大量的绘图工具，主要集中在【绘图】下拉菜单和【绘图】工具栏中，如图 2-1、图 2-2 所示。

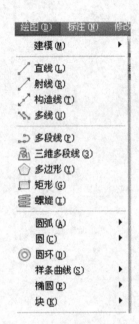

图 2-1 【绘图】下拉菜单　　　　图 2-2 【绘图】工具栏

2.1 绘制直线类的命令

2.1.1 直线

1）功能
该命令用于根据给定的起始点和终止点画直线。
2）命令的输入
（1）命令行：line（L）
（2）菜单：【绘图】→【直线】
（3）工具栏：【绘图】中 ∕
3）操作过程
命令：_line

指定下一点或[放弃(U)]: 10, 10

指定下一点或[放弃(U)]: 50, 0

指定下一点或[放弃(U)]: @40<120

指定下一点或[闭合(C)放弃(U)]: c

执行结果如图2-3所示。

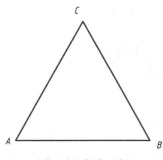

图2-3 直线示例

4）说明

（1）用"直线"命令所画的图形中的每一条直线都是一个独立的对象。

（2）坐标值的输入可采用4种方式中任何一种。

（3）若在提示行"指定下一点或[闭合（C）放弃（U）]"中输入U，表示擦去最后画出的一条直线；若输入C，图形将首尾闭合并结束命令。

【例2-1】 按给定的坐标点画出五角星（见图2-4）。

作图步骤：

命令: _line 指定第一点: 0, 0↙

指定下一点或[放弃(U)]: 37, 27↙

指定下一点或[放弃(U)]: -9, 27↙

指定下一点或[闭合(C)/放弃(U)]: 28, 0↙

指定下一点或[闭合(C)/放弃(U)]: 14, 43↙

指定下一点或[闭合(C)/放弃(U)]: c

注意，也可输入相对坐标来完成图2-4，作图过程如下：

命令: _line 指定第一点: 0, 0↙

指定下一点或[放弃(U)]: @37, 27↙

指定下一点或[放弃(U)]: @-46, 0↙

指定下一点或[闭合(C)/放弃(U)]: @37, -27↙

指定下一点或[闭合(C)/放弃(U)]: @-14, 43↙

指定下一点或[闭合(C)/放弃(U)]: c↙

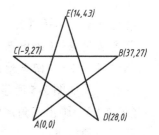

图2-4 直线画五角星示例

2.1.2 射线

1）功能

该命令用于通过给定的起始点画一端无限长的直线。

2）命令的输入

命令行：ray（R）

菜单：【绘图】→【射线】

工具栏：

3）操作过程

命令：_ray

指定起点：(给出起点)

指定通过点：(给出通过点，画出射线)

指定通过点：(回车结束命令)

2.1.3 构造线

1）功能

该命令用于通过给定的起、始点画两端无限长的直线。

2）命令的输入

命令行：xline（XL）

菜单：【绘图】→【构造线】

工具栏：【绘图】中

3）操作过程

命令：_xline

指定点或 [水平（H）/垂直（V）/角度（A）二等分（B）/偏移（O）]：(给出点1)

指定通过点：(给出通过点2，画出一条两端无限长直线)

指定通过点：(继续给点绘制另一条线，回车结束命令)

命令：_xline

指定点或 [水平（H）/垂直（V）/角度（A）/二等分（B）/偏移（O）]：h

指定通过点：(给出点1)

指定通过点：(回车结束命令)

命令：_xline

指定点或 [水平（H）/垂直（V）/角度（A）/二等分（B）/偏移（O）]：v

指定通过点：(给出点2)

指定通过点：(回车结束命令)

执行结果如图2-5所示。

【例2-2】 画出三角形中角1的角平分线，如图2-6所示。

作图步骤如下：

命令：_xline 指定点或 [水平（H）/垂直（V）/角度（A）/二等分（B）/偏移（O）]：b

指定角的顶点：(给出点1)

指定角的起点：(给出点2)

指定角的端点：(给出点3)

指定角的端点：(回车结束命令)

4)说明

(1)该命令一般用以画图中的辅助线。

(2)可用 B 选项作角的平分线,如图 2-6 所示。

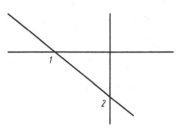

图 2-5 构造线示例

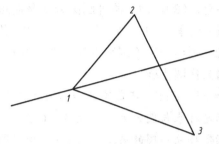

图 2-6 例 2-2 图

2.2 绘制圆和圆弧的命令

2.2.1 圆

1)功能

该命令用于通过给定的圆心和半径或其他几何条件创建圆。

2)命令的输入

(1)命令行:circle(C)

(2)菜单:【绘图】→【圆】

(3)工具栏:【绘图】中 ⊙

3)操作过程

命令: _circle

指定圆的圆心或[三点(3P)/两点(2P)/切点、切点、半径(T)]:(给定 O 点)

指定圆的半径或[直径(D)] <32.2778>:(给定半径 15)

执行结果如图 2-7 所示。

4)说明

(1)三点(3P):通过指定圆周上的三点画圆,如图 2-8(1)所示。

(2)两点(2P):通过指定直径的两端点画圆,如图 2-8(2)所示。

图 2-7 画图示例

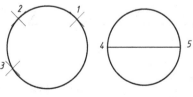

(1)三点(3P)　　(2)两点(2P)

图 2-8 三点、两点画图示例

(3) 切点、切点、半径（T）：按先给定两个相切对象，再给出半径的步骤画圆，如图 2-9 所示。

(4) 相切、相切、相切：先指定三个相切对象，圆的半径即可自动算出，从而画圆。

注意：(3)、(4) 两种画圆方法是切点要目测与实际的切点最近出给出。

【例 2-3】 (1) 画出与所给 A、B 两圆外切，半径为 8 的圆，如图 2-9（1）所示。

(2) 画出与所给圆和直线相切，半径为 8 的圆，如图 2-9（2）所示。

(1) 作图步骤：

命令：_circle 指定圆的圆心或 [三点（3P）/两点（2P）/相切、相切、半径（T）]：t

指定对象与圆的第一个切点：（指定圆 A 上 1 点）

指定对象与圆的第二个切点：（指定圆 B 上 2 点）

指定圆的半径 <8.0000>: 8

结束

(2) 作图步骤：

命令：_circle 指定圆的圆心或 [三点（3P）/两点（2P）/相切、相切、半径（T）]：t

指定对象与圆的第一个切点：（指定圆上 1 点）

指定对象与圆的第二个切点：（指定直线上 2 点）

指定圆的半径 <8.0000>: 8

结束

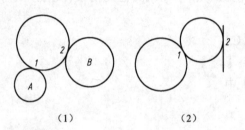

（1）　　　　　（2）

图 2-9　切点、切点、半径画圆示例

【例 2-4】 (1) 画出所给三角形的内切圆，如图 2-10（1）所示。

(2) 画出所给三个圆的内切圆，如图 2-10（2）所示。

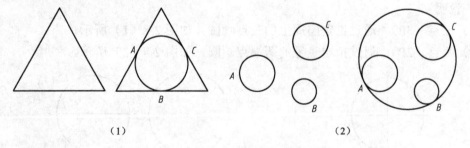

（1）　　　　　（2）

图 2-10　相切、相切、相切画圆示例

(1) 作图步骤：

单击下拉菜单【绘图】→【圆】，选择"相切、相切、相切"选项。

命令：_circle 指定圆的圆心或 [三点（3P）/两点（2P）/切点、切点、半径（T）]：_3p
指定圆上的第一个点：_tan 到：（指定三角形上 A 点）

指定圆上的第二个点：_tan 到：（指定三角形上 B 点）

指定圆上的第三个点：_tan 到：（指定三角形上 C 点）

（2）作图步骤：

单击下拉菜单【绘图】→【圆】，选择"相切、相切、相切"选项。

命令：_circle 指定圆的圆心或 [三点（3P）/两点（2P）/切点、切点、半径（T）]：_3p
指定圆上的第一个点：_tan 到：（指定大圆上 A 点）

指定圆上的第二个点：_tan 到：（指定大圆上 B 点）

指定圆上的第三个点：_tan 到：（指定大圆上 C 点）

2.2.2 圆弧

1）功能

该命令用于通过给定的三点或其他几何条件创建圆弧。

2）命令的输入

（1）命令行：arc（A）

（2）菜单：【绘图】→【圆弧】

（3）工具栏：【绘图】中

3）操作过程

通过三点画圆弧，如图 2-11 所示。

命令：_arc 指定圆弧的起点或 [圆心（C）]：（指定 C 点）

指定圆弧的第二个点或 [圆心（C）/端点（E）]：（指定 B 点）

指定圆弧的端点：（指定 A 点）

结束

4）说明

根据给定的几何条件有 11 种画法，单击【绘图】→【圆弧】下拉菜单可以进行选择，如图 2-12 所示，读者可自己练习。

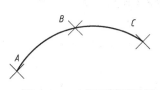

图 2-11　三点画圆弧示例　　　　图 2-12　【圆弧】下拉菜单

2.3 绘制矩形和正多边形的命令

2.3.1 矩形

1）功能

该命令用于绘制给定大小的矩形。

2）命令的输入

（1）命令行：rectang

（2）菜单：【绘图】→【矩形】

（3）工具栏：【绘图】中 ▭

3）操作过程

（1）矩形，如图 2-13（1）所示。

命令：_rectang

指定第一个角点或 [倒角（C）/标高（E）/圆角（F）/厚度（T）/宽度（W）]：（给定左下角点）

指定另一个角点或 [面积（A）/尺寸（D）/旋转（R）]：@30，20

（2）倒角矩形，如图 2-13（2）所示。

命令：_rectang

指定第一个角点或 [倒角（C）/标高（E）/圆角（F）/厚度（T）/宽度（W）]：c

指定矩形的第一个倒角距离 <0.0000>：5

指定矩形的第二个倒角距离 <5.0000>：5

指定第一个角点或 [倒角（C）/标高（E）/圆角（F）/厚度（T）/宽度（W）]：（给定左下角点）

指定另一个角点或 [面积（A）/尺寸（D）/旋转（R）]：@30，20

（3）圆角矩形，如图 2-13（3）所示。

命令：_rectang

当前矩形模式：倒角=5.0000×5.0000

指定第一个角点或 [倒角（C）/标高（E）/圆角（F）/厚度（T）/宽度（W）]：f

指定矩形的圆角半径 <5.0000>：5

指定第一个角点或 [倒角（C）/标高（E）/圆角（F）/厚度（T）/宽度（W）]：（给定左下角点）

指定另一个角点或 [面积（A）/尺寸（D）/旋转（R）]：@30，20

（4）圆角宽度矩形，如图 2-13（4）所示。

命令：_rectang

当前矩形模式：圆角=5.0000

指定第一个角点或 [倒角（C）/标高（E）/圆角（F）/厚度（T）/宽度（W）]：w

指定矩形的线宽 <0.0000>：2

指定第一个角点或 [倒角（C）/标高（E）/圆角（F）/厚度（T）/宽度（W）]: f

指定矩形的圆角半径 <5.0000>: 5

指定第一个角点或 [倒角（C）/标高（E）/圆角（F）/厚度（T）/宽度（W）]:（给定左下角点）

指定另一个角点或 [面积（A）/尺寸（D）/旋转（R）]: @30, 20

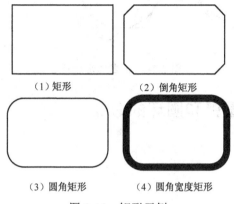

(1) 矩形　　(2) 倒角矩形

(3) 圆角矩形　　(4) 圆角宽度矩形

图 2-13　矩形示例

2.3.2　正多边形

1) 功能

该命令用于创建由等边闭合多段线组成的多边形。

2) 命令的输入

（1）命令行：polygon

（2）菜单：【绘图】→【矩形】

（3）工具栏：【绘图】中 ⬠

3) 操作过程

（1）正多边形内接于圆，如图 2-14（1）所示。

命令: _polygon 输入侧面数 <4>: 6

指定正多边形的中心点或 [边（E）]:（指定圆心 A）

输入选项 [内接于圆（I）/外切于圆（C）] <I>: I

指定圆的半径:（指定 B 点）

（2）正多边形外切于圆，如图 2-14（2）所示。

命令: _polygon 输入侧面数 <4>: 6

指定正多边形的中心点或 [边（E）]:（指定圆心 A）

输入选项 [内接于圆（I）/外切于圆（C）] <I>: C

指定圆的半径:（指定 B 点）

（3）正多边形边长 12，如图 2-14（3）所示。

命令: _polygon 输入侧面数 <6>: 6

指定正多边形的中心点或 [边（E）]: e

指定边的第一个端点:(指定A点)
指定边的第二个端点:@12,0

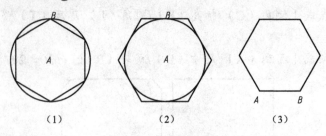

图 2-14　正多边形示例

2.4　绘制椭圆、椭圆弧和圆环的命令

2.4.1　椭圆

1) 功能

该命令用于创建椭圆。

2) 命令的输入

(1) 命令行：ellipse

(2) 菜单：【绘图】→【椭圆】

(3) 工具栏：【绘图】中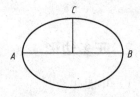

图 2-15　椭圆示例

3) 操作过程

命令：_ellipse

指定椭圆的轴端点或 [圆弧(A)/中心点(C)]:(指定A点)

指定轴的另一个端点:(指定B点)

指定另一条半轴长度或 [旋转(R)]:(指定C点)

执行如图2-15所示。

2.4.2　椭圆弧

1) 功能

该命令用于创建椭圆弧。

2) 命令的输入

(1) 命令行：ellipse

(2) 菜单：【绘图】→【椭圆弧】

(3) 工具栏：【绘图】中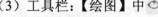

3) 操作过程

命令：_ellipse

指定椭圆的轴端点或 [圆弧(A)/中心点(C)]:_a

指定椭圆弧的轴端点或 [中心点(C)]:(指定A点)

指定轴的另一个端点：（指定 B 点）
指定另一条半轴长度或［旋转（R）]：（指定 C 点）
指定起点角度或［参数（P）]：90
指定端点角度或［参数（P）/包含角度（I）]：300
执行结果如图 2-16 所示。

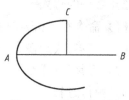

图 2-16　椭圆弧示例

2.4.3　绘制圆环命令

1）功能

该命令用于创建由两条圆弧多段线组成的圆环，这两条圆弧多段线首尾相接而形成圆环。

2）命令的输入

（1）命令行：donut

（2）菜单：【绘图】→【圆环】

（3）工具栏：【绘图】中 ◎

3）操作过程

命令：_donut

指定圆环的内径 <10.0000>：12

指定圆环的外径 <20.0000>：16

指定圆环的中心点或 <退出>：（指定圆心）

指定圆环的中心点或 <退出>：（回车结束）

执行结果如图 2-17 所示。

4）说明

（1）圆环线的宽度由指定的内直径和外直径决定。

（2）要创建实心的圆，请将内径值指定为零，如图 2-18 所示。

图 2-17　圆环示例　　　　图 2-18　实心圆示例

2.5　绘制多段线和样条曲线命令

2.5.1　绘制多段线

多段线是一种可由直线段和圆弧组合而成的具有不同线宽的组合线。这种组合线，形式多样，线宽可变，适合绘制各种复杂图形，因而得到广泛应用。

1）功能

该命令用于创建给定起点、端点的具有不同线宽的组合线。

2）命令的输入

（1）命令行：pline（PL）

（2）菜单：【绘图】→【多段线】

（3）工具栏：【绘图】中 ⌒

3）操作过程

命令：_pline

指定起点：（指定1点）

当前线宽为 0.0000

指定下一个点或 [圆弧（A）/半宽（H）/长度（L）/放弃（U）/宽度（W）]：（指定2点）

指定下一点或 [圆弧（A）/闭合（C）/半宽（H）/长度（L）/放弃（U）/宽度（W）]：w

指定起点宽度 <0.0000>：1

指定端点宽度 <1.0000>：1

指定下一点或 [圆弧（A）/闭合（C）/半宽（H）/长度（L）/放弃（U）/宽度（W）]：（指定3点）

指定下一点或 [圆弧（A）/闭合（C）/半宽（H）/长度（L）/放弃（U）/宽度（W）]：A

指定圆弧的端点或

[角度（A）/圆心（CE）/闭合（CL）/方向（D）/半宽（H）/直线（L）/半径（R）/第二个点（S）/放弃（U）/宽度（W）]：（指定4点）

指定圆弧的端点或

[角度（A）/圆心（CE）/闭合（CL）/方向（D）/半宽（H）/直线（L）/半径（R）/第二个点（S）/放弃（U）/宽度（W）]：（指定5点）

指定圆弧的端点或

[角度（A）/圆心（CE）/闭合（CL）/方向（D）/半宽（H）/直线（L）/半径（R）/第二个点（S）/放弃（U）/宽度（W）]：L

指定下一点或 [圆弧（A）/闭合（C）/半宽（H）/长度（L）/放弃（U）/宽度（W）]：W

指定起点宽度 <1.0000>：

指定端点宽度 <1.0000>：0

指定下一点或 [圆弧（A）/闭合（C）/半宽（H）/长度（L）/放弃（U）/宽度（W）]：（指定6点）

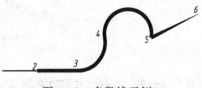

图 2-19 多段线示例

执行结果如图2-19所示。

4）说明

（1）圆弧（A）选项：画圆弧。

（2）长度（L）选项：画直线。

（3）半宽（H）、宽度（W）选项：设定所画线的宽度。

2.5.2 样条曲线

1）功能

该命令用于创建通过或接近给定点的平滑曲线。

第 2 章 AutoCAD 绘图命令

2)命令的输入

(1)命令行:spline(SPL)

(2)菜单:【绘图】→【样条曲线】

(3)工具栏:【绘图】中 ~

3)操作过程

命令: _spline

当前设置:方式=拟合 节点=弦

指定第一个点或 [方式(M)/节点(K)/对象(O)]:(拾取点 A)

输入下一个点或 [起点切向(T)/公差(L)]:(拾取点 B)

输入下一个点或 [端点相切(T)/公差(L)/放弃(U)]:(拾取点 C)

输入下一个点或 [端点相切(T)/公差(L)/放弃(U)/闭合(C)]:(拾取点 E)

输入下一个点或 [端点相切(T)/公差(L)/放弃(U)/闭合(C)]:(拾取点 F)

指定起点切向:(给定起点 A 的切线方向)

指定端点切向:(给定端点 F 的切线方向)

执行结果如图 2-20 所示。

图 2-20 样条曲线示例

4)说明

给定最后一点后须按"回车"键,然后给定起点切向后再次按"回车"键,给定端点切向后第三次按"回车"键,结束命令。若起点、端点的切向,默认须按三次"回车"键即可结束命令操作。

2.6 绘制徒手线和修订云线的命令

2.6.1 徒手线

1)功能

该命令用于通过定点设备(鼠标)来绘制任意形状的图形。

2)命令的输入

命令行:sketch

3)操作过程

(1)绘制直线类型徒手线,如图 2-21(1)所示。

命令: _sketch

类型 = 直线 增量 =1.0000 公差 =0.5000

指定草图或 [类型(T)/增量(I)/公差(L)]: T

输入草图类型[直线(L)/多段线(P)/样条曲线(S)] <直线>: L
指定草图或[类型(T)/增量(I)/公差(L)]:(移动光标)
指定草图:
已记录1条直线曲线

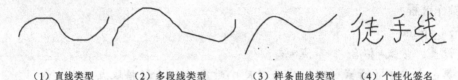

(1)直线类型　　(2)多段线类型　　(3)样条曲线类型　　(4)个性化签名

图2-21　徒手线示例

(2)绘制多段线类型的徒手线,如图2-21(2)所示。
命令: sketch
类型 = 直线　增量 = 1.0000　公差 = 0.5000
指定草图或[类型(T)/增量(I)/公差(L)]: T
输入草图类型[直线(L)/多段线(P)/样条曲线(S)] <直线>: P
指定草图或[类型(T)/增量(I)/公差(L)]:(移动光标)
指定草图:
已记录1条多段线曲线

(3)徒手绘制一条样条曲线,如图2-21(3)所示。
命令: sketch
类型 = 直线　增量 = 1.0000　公差 = 0.5000
指定草图或[类型(T)/增量(I)/公差(L)]: t
输入草图类型[直线(L)/多段线(P)/样条曲线(S)] <直线>: s
指定草图或[类型(T)/增量(I)/公差(L)]:(移动光标)
指定草图:
已记录1条样条曲线。

4)说明

(1)该命令一般用以徒手画图中的任意线和图形。

(2)仿佛将定点设备(鼠标)当作画笔放到屏幕上进行绘图,再次单击就提起画笔并停止绘图。

(3)用户可以用来制作个性化签名或印鉴,如图2-21(4)所示。

2.6.2　修订云线

1)功能

该命令用于通过拖动光标创建新的修订云线。

2)命令的输入

(1)命令行: revcloud

(2)菜单:【绘图】→【修订云线】

(3)工具栏:【绘图】中

3）操作过程

命令：_revcloud

最小弧长：15   最大弧长：15   样式：普通

指定起点或［弧长（A）/对象（O）/样式（S）］<对象>：

沿云线路径引导十字光标

修订云线完成

执行结果如图 2-22 所示。

4）说明

图 2-22 修订云线示例

（1）弧长（A）选项：可以用来给定圆弧的弧长。

（2）对象（O）选项：可以用来将封闭的圆、椭圆、矩形、多边形多段线、样条曲线等图形转换成修订云线，同时根据系统提示选择是否反转对象，如图 2-23 所示。

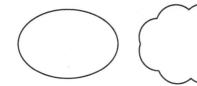

（1）椭圆　　（2）转换成修订云线，不反转　（3）转换成修订云线，反转

图 2-23 椭圆转换成修订云线示例

2.7 绘制点与对象的等分点命令

2.7.1 设置点样式

AutoCAD 中表示点的方式有 20 种，用户可以根据需要进行设置。

1）命令的输入

（1）命令行：ddptype

（2）菜单：【格式】→【点样式】

2）操作过程

执行命令后，在弹出的【点样式】对话框中进行设置，如图 2-24 所示。

3）说明

点样式的大小，可以根据相对与屏幕大小或按绝对单位设置。

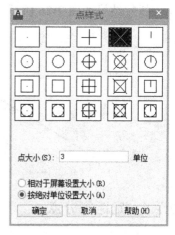

图 2-24 【点样式】对话框

2.7.2 点

1）功能

该命令用于创建通过给定位置的点。

2）命令的输入

（1）命令行：point

（2）菜单：【绘图】→【点】

（3）工具栏：【绘图】中．

3）操作过程

命令：_point

当前点模式：PDMODE=2　PDSIZE=0.0000

指定点：（指定点 1）

指定点：（指定点 2）

指定点：（指定点 3）

指定点：（回车结束）

执行结果如图 2-25 所示。

图 2-25　画点示例

2.7.3　定数等分点

1）功能

该命令用于对给定的对象进行定数等分。

2）命令的输入

（1）命令行：divide（DIV）

（2）菜单：【绘图】→【点】→【定数等分】

3）操作过程

命令：_divide

选择要定数等分的对象：（选定直线或圆弧）

输入线段数目或 [块（B）]：5

执行结果如图 2-26 所示。

图 2-26　点的定数等分示例

2.7.4　定距等分点

1）功能

该命令用于对给定的对象进行定距等分。

2）命令的输入

（1）命令行：measure（ME）

(2)菜单:【绘图】→【点】→【定距等分】

3)操作过程

如图 2-27 所示。

命令:_measure

选择要定距等分的对象:(选定直线或圆弧)

指定线段长度或[块(B)]:10

执行结果如图 2-27 所示。

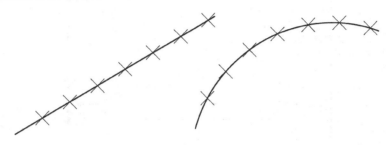

图 2-27　点的定距等分示例

2.8　绘制多线的命令

多线是一种由多条平行线组成的复合直线,这种线在画图时能提高绘图效率,同时保持图线之间的一致性。

2.8.1　设置多线

1)命令的输入

(1)命令行:mlstyle

(2)菜单:【格式】→【多线样式】

2)操作过程

执行命令后,弹出【多线样式】对话框,如图 2-28 所示,用户可以根据需要定义多线样式,选择保存和加载等操作。

下面以定义三条平行线组成的多线为例进行说明,要求两边为黑色实线,相对中心上、下各偏移 0.1,中心为红色点画线。操作过程如下:

(1)在【多线样式】对话框中单击"新建"按钮系统打开如图 2-29 所示的【创建新的多线】对话框;

(2)在"新样式名"栏输入 DX1,然后单击"继续"按钮,如图 2-29 所示;

(3)在弹出的【新建多线样式】对话框的"封口"选项中设置起点、端点的特性;

(4)在"填充颜色"中设置多线填充的颜色;

(5)在"图元"选项中设置组成多线图元的特性,单击"添加"按钮为多线添加图元或单击"删除"按钮删除多线的图元,在"偏移"栏中设置给定的偏移值,在"颜色"栏中选择颜色,在"线型"栏中选择图元的线型,如图 2-30 所示;

（6）设置完成后，返回【多线样式】对话框，将刚才设置好的 DX1 样式设为当前样式，预览框中显示多线样式，单击"确定"按钮即可，如图 2-31 所示。

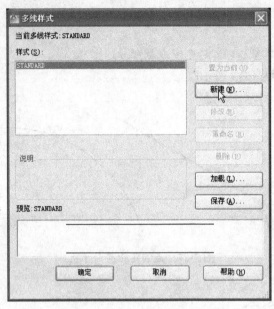

图 2-28 【多线样式】对话框

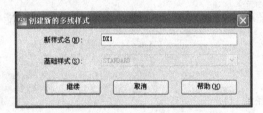

图 2-29 【创建新的多线样式】对话框

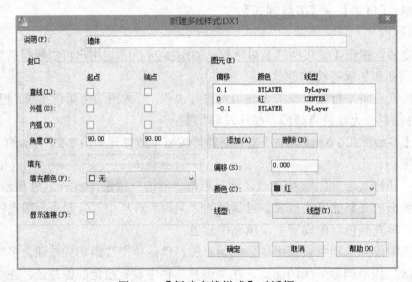

图 2-30 【新建多线样式】对话框

第 2 章 AutoCAD 绘图命令

图 2-31 【多线样式】预览（DX1）对话框

2.8.2 绘制多线

1）功能

该命令用于创建多条平行线。

2）命令的输入

（1）命令行：mline（ML）

（2）菜单：【绘图】→【构造线】

（3）工具栏：

3）操作过程

命令：_mline

当前设置：对正 = 上，比例 = 10.00，样式 = DX1

指定起点或 [对正（J）/比例（S）/样式（ST）]：

指定下一点：50

指定下一点或 [放弃（U）]：30

指定下一点或 [闭合（C）/放弃（U）]：25

指定下一点或 [闭合（C）/放弃（U）]：10

指定下一点或 [闭合（C）/放弃（U）]：25

指定下一点或 [闭合（C）/放弃（U）]：c

图 2-32 所示为用多线 DX1 样式绘制的图形。

4）说明

（1）对正（J）：有 "上（T）"、"无（Z）"、"下（B）" 3 种。"上（T）" 是指以多线最上面的线为拾取点；"无（Z）" 是指以多线中间的线为拾取点；"上（B）" 是指以多线最下面的线为拾取点。

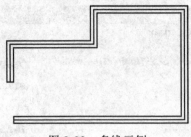

图 2-32 多线示例

（2）比例（S）：用户可根据需要设置平行线的间距，输入 0 时为重合，输入负值时为多线排列倒置。

（3）样式（ST）：用于设置当前所使用的多线样式。

2.9 图案填充和渐变色

2.9.1 图案填充

1）操作过程

执行命令后，系统打开【图案填充和渐变色】对话框，在"图案填充"选项卡中的"类型"和"图案"栏中进行选择；在"角度"和"比例"栏中选择所需角度和比例；在"边界"栏中单击"添加：拾取点"或"添加：选择对象"来选择边界；然后单击"确定"按钮即可完成填充，如图 2-33 所示。

图 2-33 【图案填充和渐变色】对话框

命令：_hatch

拾取内部点或［选择对象（S）/删除边界（B）］：正在选择所有对象……

正在选择所有可见对象……

正在分析所选数据……

正在分析内部孤岛……

拾取内部点或［选择对象（S）/删除边界（B）］：

执行结果如图 2-34 所示。

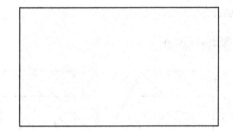 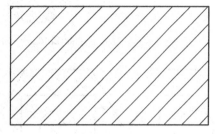

图 2-34　图案填充示例

4）说明

（1）填充图案类型有"预定义"和"自定义"两种。

（2）在弹出的下拉列表中选择图案进行填充。

（3）"样例"用于显示一个样例的图案，用户可以通过单击该图案样式查看或选取要填充的图案。

（4）"角度"用于设置填充图案时需要旋转的角度，每种图案定义时的角度为 0°。

（5）通过设置"比例"，可根据需要放大或缩小填充图案，每种图案的初始比例值为 1。

（6）"双向"和"间距"只有在"类型"下拉列表中选择"自定义"选项时可用，用于定义一种平行线或是互相垂直两组平行线。

（7）"图案填充原点"用于控制填充图案形成的起始点，例如，当某些图案需要与边界一点对齐时，可指定边界对齐点，默认的起始点为坐标原点。

（8）"边界"是填充图案的一个区域，选择边界有两种方法：一是添加拾取点，即在填充区域内以取点的形式自动形成填充边界；二是以选取填充区域的边界为对象的方式来确定填充区域。

（9）"关联"是指填充图案与边界的关联关系，勾选该项表示当边界发生变化时填充图案随之发生变化，如图 2-35 所示。

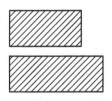 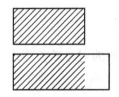

（1）图案与边界关联　　（2）图案与边界非关联

图 2-35　关联与非关联填充

（10）"建独立的图案填充"是指当指定多个独立的闭合边界时，勾选该项表示创建填充图案为单个对象，否则表示创建填充图案为一个整体，如图 2-36 所示。

（11）"孤岛"是指填充区域内的封闭区域，如图 2-34（1）所示。在"孤岛显示样式"栏中可选择的填充方式有"普通"、"外部"、"忽略"3 种，填充后效果如图 2-37（2）～（4）所示。

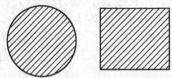

图 2-36　不独立时创建填充图案

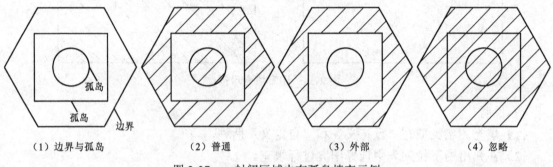

（1）边界与孤岛　　　（2）普通　　　（3）外部　　　（4）忽略

图 2-37　封闭区域内有孤岛填充示例

2.9.2　渐变色

渐变色是指从一种颜色平滑过渡到另一种颜色。渐变色能产生光的效果，也可以为图形增加视觉效果，渐变色的填充操作与图案填充相同。

2.10　面域

面域是用封闭的形状或环创建的二维区域，区域内可以有孔。在 AutoCAD 中，用户可以将由某些对象围成的封闭区域创建为面域，封闭的平面形状可由闭合的二维多段线、圆、椭圆、闭合的多条直线、闭合的样条曲线组成，也可以是由圆弧、直线、多段线和样条曲线等组成的封闭区域。

2.10.1　创建面域

1）功能

该命令用于将封闭区域的对象转换为面对象。

2）命令的输入

（1）命令行：region

（2）菜单：【绘图】→【面域】

（3）工具栏：

3）操作过程

命令：_region

选择对象：指定对角点：找到 4 个

选择对象：

已提取 1 个环。

已创建 1 个面域。

执行结果如图 2-38 所示。

图 2-38　创建面域示例

2.10.2　面域的布尔运算

布尔运算（Boolean）又称逻辑运算，是指通过对两个以上的物体进行并集、差集、交集的运算，从而得到新的物体形态。系统提供了 4 种布尔运算方式：Union（并集）、Intersection（交集）和 Subtraction（差集，包括 A-B 和 B-A 2 种）。

在用 AutoCAD 绘图时，使用布尔运算能够极大地提高绘图效率，但要注意布尔运算只包括实体和共面的面域，对于普通的线框图形对象无法使用布尔运算。

1）命令的输入

（1）命令行：union

（2）菜单：【修改】→【实体编辑】→【并集】、【交集】、【差集】

（3）工具栏：【建模】或【实体编辑】中的 ◎、◎、◎。

2）操作过程

以两个相交的圆面域为例来说明布尔运算，圆面域原图如图 2-39（1）所示。

（1）并集

命令：_union

选择对象：指定对角点：找到 2 个

选择对象：

如图 2-39（2）所示。

（2）交集

命令：_intersect

选择对象：指定对角点：找到 2 个
选择对象：
如图 2-39（3）所示。

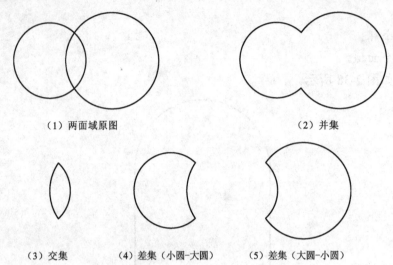

图 2-39　两面域布尔运算示例

（3）差集（小圆-大圆）
命令：_subtract 选择要从中减去的实体、曲面和面域……
选择对象：找到 1 个（选择小圆）
选择对象：
选择要减去的实体、曲面和面域……
选择对象：找到 1 个（选择大圆）
选择对象：
如图 2-39（4）所示。

（4）差集（大圆-小圆）
命令：_subtract 选择要从中减去的实体、曲面和面域……
选择对象：找到 1 个（选择大圆）
选择对象：
选择要减去的实体、曲面和面域……
选择对象：找到 1 个（选择小圆）
选择对象：
如图 2-39（5）所示。

【例 2-5】运用布尔运算绘制如图 2-40 所示的图形。
命令：_region
选择对象：指定对角点：找到 6 个
选择对象：
已提取 6 个环。

已创建 6 个面域。

命令：_subtract 选择要从中减去的实体、曲面和面域……

选择对象：找到 1 个（选择矩形）

选择对象：

选择要减去的实体、曲面和面域……

选择对象：找到 1 个（选择圆）

选择对象：找到 1 个，总计 2 个（选择圆）

选择对象：找到 1 个，总计 3 个（选择圆）

选择对象：找到 1 个，总计 4 个（选择圆）

选择对象：找到 1 个，总计 5 个（选择圆）

选择对象：（回车）

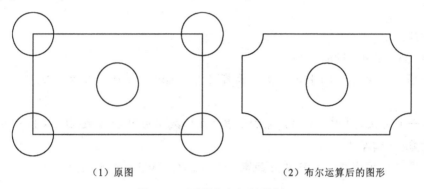

（1）原图　　　　　　　　　　　（2）布尔运算后的图形

图 2-40　面域布尔运算举例

2.10.3　几何图形与面域的数据查询

几何图形对象的一般属性包括距离、角度、周长、面积等，而面域对象除了具有图形对象的一般属性外，还具有作为面对象所具备的其他属性，如质量，读者可以通过相关命令操作提取有关数据。

1）命令的输入

菜单：【工具】→【查询】→【距离】/【角度】/【半径】/【面积】/【面域/质量特性】等，如图 2-41 所示。

图 2-41　【查询】的下拉菜单

2）操作过程

（1）查询几何图形（见图2-42）对象A、B之间的距离，区域的周长和面积。

命令：_measuregeom

输入选项[距离（D）/半径（R）/角度（A）/面积（AR）/体积（V）]<距离>：_distance

指定第一点：（指定点A）

指定第二个点或[多个点（M）]：（指定点B）

距离=49，XY平面中的倾角=315，与XY平面的夹角=0

X增量=35，Y增量=-34，Z增量=0

输入选项[距离（D）/半径（R）/角度（A）/面积（AR）/体积（V）/退出（X）]<距离>：AR

指定第一个角点或[对象（O）/增加面积（A）/减少面积（S）/退出（X）]<对象（O）>：O

选择对象：

区域=2305，长度=196

输入选项[距离（D）/半径（R）/角度（A）/面积（AR）/体积（V）/退出（X）]<面积>：

指定第一个角点或[对象（O）/增加面积（A）/减少面积（S）/退出（X）]<对象（O）>：

选择对象：（回车）

查询结果为：图形中A、B两点距离=49、面积=2305、周长=196

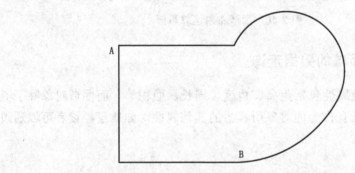

图2-42 几何图形与面域的数据查询

（2）查询几何图形（见图2-42）组成的面域的质量特性。

命令：_region

选择对象：找到1个（选择几何图形）

选择对象：

已提取1个环。

已创建1个面域。

命令：_massprop

选择对象：找到1个

选择对象；（选择面域）

系统弹出文本窗口，如图 2-43 所示，显示对象面域的质量特性数据。读者可以将数据结果写入文本文件并保存起来。

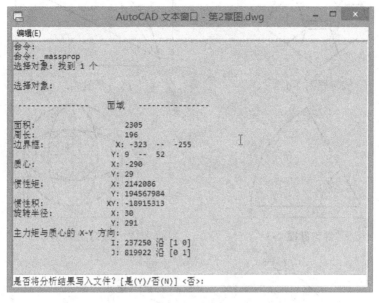

图 2-43 AutoCAD 文本窗口

思考与练习题

2.1 基本练习题：按给定的尺寸用直线（line）、圆（circle）、矩形（rectang）、多边形（polygon）、椭圆（ellipse）等命令绘制练习题图 2-1～2-9。

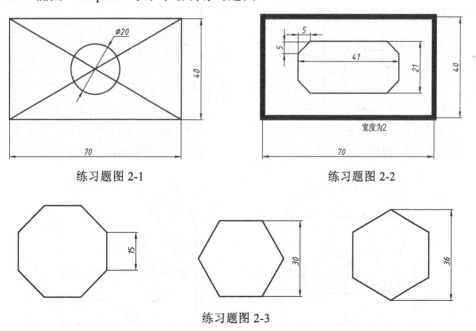

练习题图 2-1　　　　　　　　　练习题图 2-2

练习题图 2-3

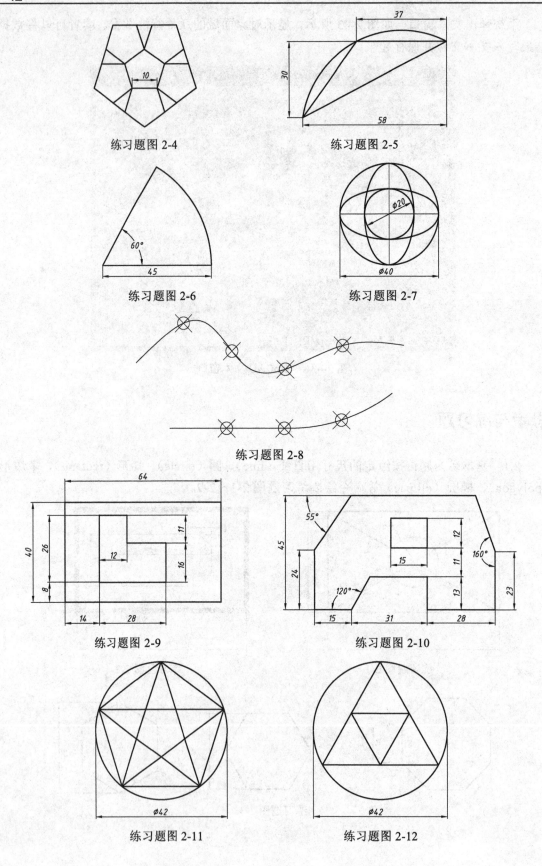

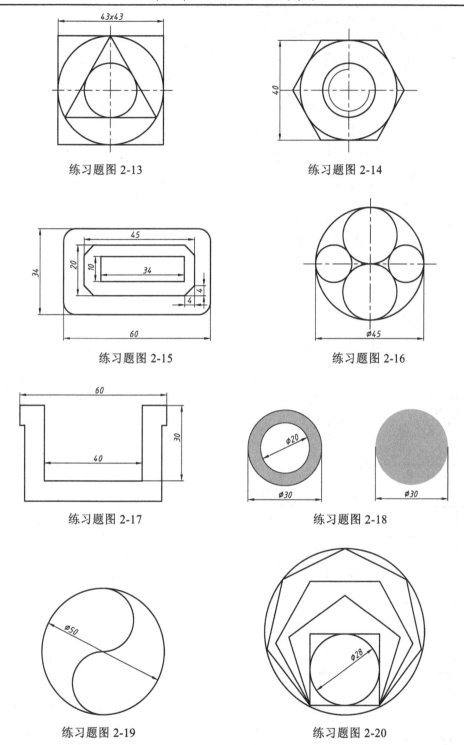

练习题图 2-13　　　　　　　　练习题图 2-14

练习题图 2-15　　　　　　　　练习题图 2-16

练习题图 2-17　　　　　　　　练习题图 2-18

练习题图 2-19　　　　　　　　练习题图 2-20

2.2　用徒手线命令（sketch）设计自己的个性签名。
2.3　目测绘制练习题图 2-21～2-24，并填充适当的渐变色。
2.4　按给定尺寸绘制练习题图 2-25～2-35，并按图示完成图案填充。

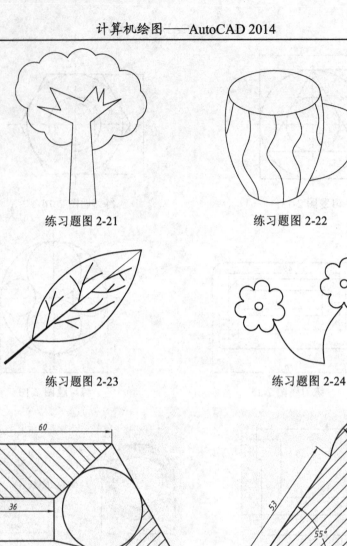

练习题图 2-21

练习题图 2-22

练习题图 2-23

练习题图 2-24

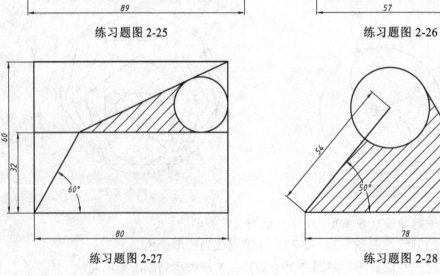

练习题图 2-25

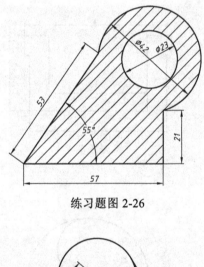

练习题图 2-26

练习题图 2-27

练习题图 2-28

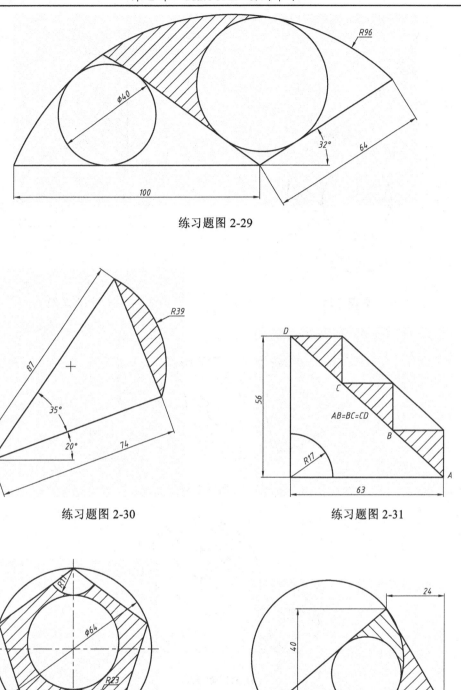

练习题图 2-29

练习题图 2-30

练习题图 2-31

练习题图 2-32

练习题图 2-33

2.5 按给定尺寸绘制练习题图 2-36~2-37，并查询出 A、B 两点之间的距离和阴影部分的周长、面积。

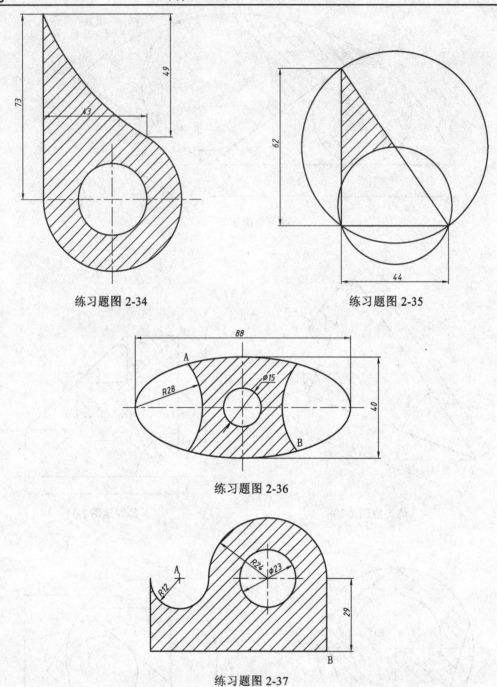

练习题图 2-34

练习题图 2-35

练习题图 2-36

练习题图 2-37

第 3 章 AutoCAD 基本编辑命令

AutoCAD 具有强大的图形编辑功能,绘图过程中既可以对正在绘制的图形对象进行修改,也可以对已完成的图形重新修改设计,从而提高了绘图的正确性和绘图效率。图形编辑修改命令可以从【修改】下拉菜单中选择,如图 3-1 所示;或在【修改】工具栏中输入,如图 3-2 所示。

图 3-1 【修改】下拉菜单   图 3-2 【修改】工具栏

3.1 选择对象的方式

执行任何一个编辑修改命令后,光标将变成一个拾取框□,都要求"选择对象"目标来构造选择集。选中的对象则变成虚线(称为"发亮"显示)。在屏幕上输入编辑修改命令后,命令窗口显示"选择对象",输入一种方法决定选择范围,常用的方法有以下几种:

(1)单击:用鼠标直接单击实体来选择对象,也是系统默认的一种对象选择方法。

(2)W(矩形窗口):从左到右点选窗口的对角两点形成一个选择窗口,只有完全落在窗口内的实体才能被选中。

（3）C（交叉窗口）：从右到左点选窗口的对角两点形成一个选择窗口，只要实体的任何一部分在窗口内则被选中。

（4）L（选择实体）：选中作图过程中的最后一个实体。

（5）A（全部选择）：选中图形文件中的所有实体。

3.2 删除、删除恢复、放弃和重做命令

3.2.1 删除

1）功能

该命令用于从图形中删除对象。

2）命令的输入

（1）命令行：erase（E）

（2）菜单：【修改】→【删除】

（3）工具栏：【修改】中 ✎

3）操作过程

命令：_erase

选择对象：指定对角点：找到 3 个

选择对象：✓

4）说明

（1）命令窗口提示用户选择要删除的对象，并在绘图区内出现一个小拾取窗口用于选择实体。选中的实体变为发亮显示，如图 3-3（2）所示，选择完毕后按"回车"键即可删除，如图 3.3（3）所示。

（2）既可以一次选择多个实体，也可以先选择实体后执行删除命令。

（3）可以利用"oops"命令恢复最后一次删除的图形。

（4）要恢复以前删除的图形，可以连续单击【标准】工具栏上的图标 ↺ 。

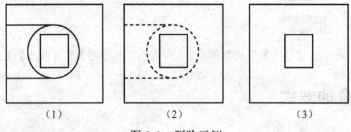

（1）　　　　　　　　（2）　　　　　　　　（3）

图 3-3　删除示例

3.2.2 删除恢复

1）功能

该命令用于恢复图形中删除的对象。

2）命令的输入

（1）命令行：undo

（2）菜单：【编辑】→【放弃】

（3）工具栏：【标准】中 ⤺▾

3）操作过程

命令：undo

当前设置：自动=开，控制=全部，合并=是，图层=是

输入要放弃的操作数目或 [自动（A）/控制（C）/开始（BE）/结束（E）/标记（M）/后退（B）] <1>：1

ERASE 删除 GROUP

3.2.3 放弃和重做

1）功能

放弃用于图形操作中的上一个动作；重做用于恢复图形操作中的上一个动作。

2）命令的输入

（1）工具栏：【标准】中 ⤺▾（放弃）、⤻▾（重做）

3）操作过程

直接单击工具按钮即可。

3.3 复制、镜像、偏移和阵列命令

3.3.1 复制

1）功能

该命令用于将对象复制到指定方向上的指定距离处。

2）命令的输入

（1）命令行：copy（CO）

（2）菜单：【修改】→【复制】

（3）工具栏：【修改】中 ❀

3）操作过程

命令：_copy

选择对象：指定对角点：找到 1 个

选择对象：

当前设置：复制模式=多个

指定基点或 [位移（D）/模式（O）] <位移>：（拾取圆心 1 点）

指定第二个点或 [阵列（A）] <使用第一个点作为位移>：（拾取圆心 2 点）

指定第二个点或 [阵列（A）/退出（E）/放弃（U）] <退出>：

执行结果如图 3-4 所示。

3.3.2 镜像

1)功能

该命令用于创建对象的镜像副本,按对称轴线复制对象。

2)命令的输入

(1)命令行:mirror

(2)菜单:【修改】→【镜像】

(3)工具栏:【修改】中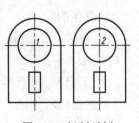

图 3-4 复制示例

3)操作过程

命令:_mirror

选择对象:指定对角点:找到 5 个

选择对象:

指定镜像线的第一点:(1 点)

指定镜像线的第二点:(2 点)

要删除源对象吗?[是(Y)/否(N)]<N>:

执行结果如图 3-5 所示。

4)说明

可以创建表示半个图形的对象,选择这些对象并沿指定的线镜像,从而创建另一半,如图 3-5 所示。原对象可以保留(N),也可以删除(Y)。

图 3-5 镜像示例

3.3.3 偏移

1)功能

该命令用于复制一个与指定实体平行并保持等距离的副本,可以放大或缩小。

2)命令的输入

(1)命令行:offset

(2)菜单:【修改】→【偏移】

(3)工具栏:【修改】中

3)操作过程

偏移示例如图 3-6 所示。

命令:_offset

当前设置：删除源=否　图层=源　OFFSETGAPTYPE=0
指定偏移距离或［通过（T）/删除（E）/图层（L）］<通过>：3
选择要偏移的对象，或［退出（E）/放弃（U）］<退出>：（选择直线1）
指定要偏移的那一侧上的点，或［退出（E）/多个（M）/放弃（U）］<退出>：（在图内点一下）
选择要偏移的对象，或［退出（E）/放弃（U）］<退出>：（选择直线2）
指定要偏移的那一侧上的点，或［退出（E）/多个（M）/放弃（U）］<退出>：（在图内点一下）
选择要偏移的对象，或［退出（E）/放弃（U）］<退出>：（选择圆弧）
指定要偏移的那一侧上的点，或［退出（E）/多个（M）/放弃（U）］<退出>：（在图内点一下）
选择要偏移的对象，或［退出（E）/放弃（U）］<退出>：

4）说明

可以创建同心圆、平行线和等距曲线。

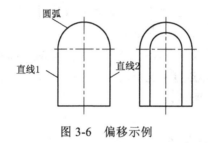

图3-6　偏移示例

3.3.4　阵列

1）功能

该命令用于创建在二维或三维图案中排列的对象的副本。

有3种类型的阵列：

（1）矩形：将对象副本分布到行、列的任意组合；

（2）路径：沿路径或部分路径均匀分布对象副本；

（3）环形（极轴）：围绕中心点或旋转轴在环形阵列中均匀分布对象副本。

2）命令的输入

（1）命令行：在命令提示下输入array，则显示选项，输入阵列类型［矩形（R）/路径（PA）/极轴（PO）］<矩形>：输入选项或按"Enter"键。也可以直接输入arrayrect（矩形阵列）、arraypath（路径阵列）、arraypolar（环形阵列）。

（2）菜单：【修改】→【阵列】→【矩形阵列】/【路径阵列】/【环形阵列】，如图3-7所示。

图3-7　【阵列】下拉菜单

(3) 工具栏：【修改】中 🔳

3) 操作过程

(1) 矩形阵列，如图3-8所示。

命令：_arrayrect

选择对象：指定对角点：找到 3 个

选择对象：

类型 = 矩形　关联 = 是

选择夹点以编辑阵列或 [关联（AS）/基点（B）/计数（COU）/间距（S）/列数（COL）/行数（R）/层数（L）/退出（X）] <退出>：COL

输入列数数或 [表达式（E）] <3>：4

指定 列数 之间的距离或 [总计（T）/表达式（E）] <10>：13

选择夹点以编辑阵列或 [关联（AS）/基点（B）/计数（COU）/间距（S）/列数（COL）/行数（R）/层数（L）/退出（X）] <退出>：R

输入行数数或 [表达式（E）] <3>：3

指定 行数 之间的距离或 [总计（T）/表达式（E）] <11>：13

指定 行数 之间的标高增量或 [表达式（E）] <0>：

选择夹点以编辑阵列或 [关联（AS）/基点（B）/计数（COU）/间距（S）/列数（COL）/行数（R）/层数（L）/退出（X）] <退出>：

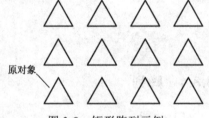

图3-8　矩形阵列示例

(2) 路径阵列，如图3-9所示。

命令：_arraypath

选择对象：找到 1 个（选择圆）

选择对象：

类型 = 路径　关联 = 是

选择路径曲线：

选择夹点以编辑阵列或 [关联（AS）/方法（M）/基点（B）/切向（T）/项目（I）/行（R）/层（L）/对齐项目（A）/Z 方向（Z）/退出（X）] <退出>：M

输入路径方法 [定数等分（D）/定距等分（M）] <定距等分>：D

选择夹点以编辑阵列或 [关联（AS）/方法（M）/基点（B）/切向（T）/项目（I）/行（R）/层（L）/对齐项目（A）/Z 方向（Z）/退出（X）] <退出>：I

输入沿路径的项目数或 [表达式（E）] <4>：4

选择夹点以编辑阵列或 [关联（AS）/方法（M）/基点（B）/切向（T）/项目（I）/行（R）/层（L）/对齐项目（A）/Z 方向（Z）/退出（X）] <退出>：

(3) 环形阵列（极轴阵列），如图3-10所示。

命令：_arraypolar

选择对象：找到 1 个

选择对象：

类型 = 极轴　关联 = 是

指定阵列的中心点或 [基点（B）/旋转轴（A）]：

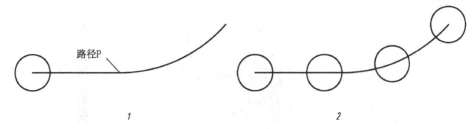

图 3-9 路径阵列示例

选择夹点以编辑阵列或[关联(AS)/基点(B)/项目(I)/项目间角度(A)/填充角度(F)/行(ROW)/层(L)/旋转项目(ROT)/退出(X)]<退出>: I

输入阵列中的项目数或[表达式(E)]<6>: 6

选择夹点以编辑阵列或[关联(AS)/基点(B)/项目(I)/项目间角度(A)/填充角度(F)/行(ROW)/层(L)/旋转项目(ROT)/退出(X)]<退出>: F

指定填充角度(+=逆时针、-=顺时针)或[表达式(EX)]<360>: 360

选择夹点以编辑阵列或[关联(AS)/基点(B)/项目(I)/项目间角度(A)/填充角度(F)/行(ROW)/层(L)/旋转项目(ROT)/退出(X)]<退出>:

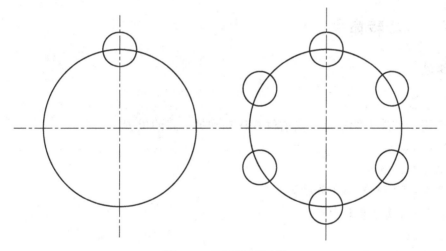

图 3-10 环形阵列示例

4) 说明

(1) 阵列可以为关联的或非关联的。关联性允许通过维护项目之间的关系快速地在整个阵列中传递更改。

(2) 关联：项目包含在单个阵列对象中。编辑阵列对象的特性，如间距、项目数。替代项目特性或替换项目的源对象。编辑项目的源对象以更改参照这些源对象的所有项目。通过编辑阵列特性、应用项目替代、替换选定的项目或编辑源对象来修改关联阵列。例如，将图 3-11(1)中的列间距 15 和行间距 15 均改为 10 后，图 3-11(1)变为图 3-11(2)。

(3) 非关联：阵列中的项目将创建为独立的对象。更改一个项目不影响其他项目。

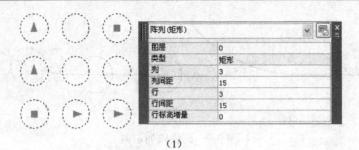

(1)

(2)

图 3-11　阵列的关联性示例

3.4　移动和旋转命令

3.4.1　移动

1）功能

该命令用于将选中的实体从当前位置移动到另一新的位置。

2）命令的输入

（1）命令行：move

（2）菜单：【修改】→【移动】

（3）工具栏：【修改】中

3）操作过程

移动示例如图 3-12 所示。

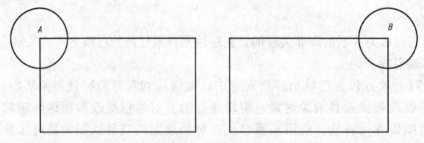

图 3-12　移动示例

命令：_move

选择对象：选择要移动的对象（选择圆）

选择对象：结束选择

指定基点或位移：指定移动图形的基准点（选择圆心 A）

指定位移的第二点或 <用第一点作位移>：确定要移动的第二个定位点（选择点 B）

3.4.2 旋转

1）功能

该命令用于将选中的对象旋转到一个绝对的角度。

2）命令的输入

（1）命令行：rotate

（2）菜单：【修改】→【旋转】

（3）工具栏：【修改】中 ⟳

3）操作过程

旋转示例如图 3-13 所示。

命令：_rotate

UCS 当前的正角方向：ANGDIR=逆时针　ANGBASE=0

选择对象：指定对角点：找到 1 个

选择对象：

指定基点：（选择点 A）

指定旋转角度，或 [复制（C）/参照（R）] <0>: 30

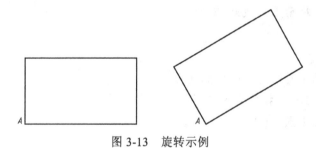

图 3-13　旋转示例

3.5　缩放命令

缩放可以缩小或放大对象而不改变它的整体比例。可以通过输入比例因子，也可以为对象指定当前长度和新长度来实现。另外，可以修改对象的所有标注尺寸。

1）功能

该命令用于将选中的对象按一定的比例缩小或放大。

2）命令的输入

（1）命令行：scale

（2）菜单：【修改】→【缩放】

（3）工具栏：【修改】中 ▱

3）操作过程

缩放示例如图 3-14 所示。

命令：_scale
选择对象：选择要缩放的对象（指定对角点：找到 11 个）
选择对象：（回车结束选择）
指定基点：（选择圆心）
指定比例因子或 [复制（C）/参照（R）]：0.5
回车

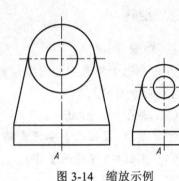

图 3-14 缩放示例

4）说明

（1）复制缩放（见图 3-15）

命令：_scale
选择对象：指定对角点：找到 9 个
选择对象：
指定基点：
指定比例因子或 [复制（C）/参照（R）]：c
缩放一组选定对象。
指定比例因子或 [复制（C）/参照（R）]：1.5
回车

（2）参照缩放（见图 3-16）

命令：_scale
选择对象：指定对角点：找到 7 个
选择对象：
指定基点：
指定比例因子或 [复制（C）/参照（R）]：r
指定参照长度 <20>：指定第二点：
指定新的长度或 [点（P）] <25>：25
回车

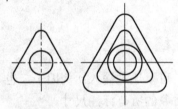

图 3-15 复制缩放示例

图 3-16 参照缩放示例

3.6 修剪、拉伸和延伸命令

3.6.1 修剪

1）功能

该命令用于将选中对象的某些不需要的部分剪掉。

2）命令的输入

（1）命令行：trim

（2）菜单：【修改】→【修剪】

（3）工具栏：【修改】中 ⊬

3）操作过程

命令：_trim

当前设置：投影=UCS，边=无

选择剪切边……

选择对象：找到 1 个（选择修剪边界圆）

选择对象：选择第二个修剪边界或结束选择

选择要修剪的对象，或按住 Shift 键选择要延伸的对象，或 [投影（P）/边（E）/放弃（U）]：选择被修剪的对象

选择要修剪的对象，或按住 Shift 键选择要延伸的对象，或 [投影（P）/边（E）/放弃（U）]：继续选择修剪对象或结束修剪命令。

图 3-17 所示为执行上述修剪程序后的图形变化。

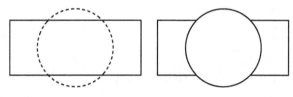

图 3-17 修剪示例

4）说明

在选择完修剪边界后，可以单击选取每一个被修剪的对象，也可用一个窗口来选择被修剪的多个对象。

3.6.2　拉伸

1）功能

该命令用于通过窗选或多边形框选的方式将拉伸窗的交叉窗口部分所包围的对象进行移动。

2）命令的输入

（1）命令行：stretch

（2）菜单：【修改】→【拉伸】

（3）工具栏：【修改】中 ▢

3）操作过程

图 3-18 所示为执行下面程拉伸序后的图形变化。

命令：_stretch

以交叉窗口或交叉多边形选择要拉伸的对象……

选择对象：指定对角点：找到 3 个（选择要拉伸的部分实体）

选择对象：结束选择

指定基点或位移：指定图形中的基点

指定位移的第二个点或 <用第一个点作位移>：确定拉伸后的定位点

图 3-18 所示为执行下面程序后拉伸的图形变化。

4）说明

（1）对于完全包含在交叉窗口中的对象或单独选定的对象，只能移动但不能拉伸。圆、椭圆和块均无法拉伸。

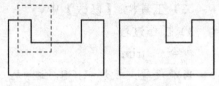

图 3-18　拉伸示例

（2）在选择图形某一部分实体时，必须使用自右向左的交叉窗口。

3.6.3　延伸

1）功能

该命令用于将需要延伸的对象延伸到适合其他对象的边上。

2）命令的输入

（1）命令行：extend

（2）单：【修改】→【延伸】

（3）工具栏：【修改】中 -/

3）操作过程

图 3-19 所示为执行下面延伸命令后的图形变化。

命令：_extend

当前设置：投影=UCS，边=无

选择边界的边……

选择对象或 <全部选择>：找到 1 个

选择对象：

选择要延伸的对象，或按住 Shift 键选择要修剪的对象，或 [栏选（F）/窗交（C）/投影（P）/边（E）/放弃（U）]：

选择要延伸的对象，或按住 Shift 键选择要修剪的对象，或 [栏选（F）/窗交（C）/投影（P）/边（E）/放弃（U）]：

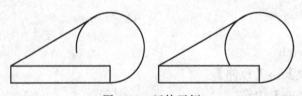

图 3-19　延伸示例

注意，在选择被延伸的目标时同样也只能单击选取。

4）说明

对于"修剪"和"延伸"命令，在执行命令后直接按"回车"键，则 AutoCAD 将把所有的图形作为边界，同时都选为被修剪或延伸的对象。

3.7 打断和合并命令

3.7.1 打断于点

1）功能

该命令用于在一点打断选定的对象。

2）命令的输入

（1）命令行：break

（2）菜单：【修改】→【打断】

（3）工具栏：【修改】中

3）操作过程

命令：_break 选择对象：

指定第二个打断点 或 [第一点（F）]：_f

指定第一个打断点：

指定第二个打断点：@结束命令

4）说明

如图 3-20 所示，直线和圆弧分别被打断为两个实体。"@"表示第二断点默认与第一断点重合为一点。

图 3-20 打断于点示例

3.7.2 打断

1）功能

该命令用于在两点打断选定的对象。

2）命令的输入

（1）命令行：break

（2）菜单：【修改】→【打断】

（3）工具栏：【修改】中

3）操作过程

命令：_break 选择对象：

指定第二个打断点或 [第一点（F）]：

4）说明

如图 3-21 所示，直线和圆弧分别被打断为两个实体。

图 3-21 打断示例

3.7.3 合并

1）功能

该命令用于合并相似对象以形成一个完整的对象。

2）命令的输入

（1）命令行：join

（2）菜单：【修改】→【合并】

（3）工具栏：【修改】中 ++

3）操作过程

命令：_join 选择源对象或要一次合并的多个对象：指定对角点：找到 1 个

选择要合并的对象：指定对角点：找到 1 个，总计 2 个

选择要合并的对象：

图 3-22 所示为执行上述合并程序后的图形变化。

合并前　　　　　合并后

图 3-22　合并示例

3.8　倒角、倒圆和分解命令

3.8.1　倒角

1）功能

该命令用于给对象加倒角。按选择对象的次序应用指定的距离和角度。

2）命令的输入

（1）命令行：chamfer

（2）菜单：【修改】→【倒角】

（3）工具栏：【修改】中

3）操作过程

命令：_chamfer

（"修剪"模式）　当前倒角距离 1 = 0.0000，距离 2 = 0.0000

选择第一条直线或 [放弃（U）/多段线（P）/距离（D）/角度（A）/修剪（T）/方式（E）/多个（M）]：d

指定 第一个 倒角距离 <0.0000>：2

指定 第二个 倒角距离 <5.0000>：5

选择第一条直线或 [放弃（U）/多段线（P）/距离（D）/角度（A）/修剪（T）/方式（E）/多个（M）]：

选择第二条直线，或按住 Shift 键选择直线以应用角点或 [距离（D）/角度（A）/方法（M）]：

图 3-23 所示为执行倒角命令后的图形变化。

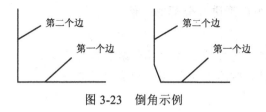

图 3-23 倒角示例

3.8.2 圆角

1) 功能

该命令用于给对象加圆角。

2) 命令的输入

(1) 命令行：fillet

(2) 菜单：【修改】→【圆角】

(3) 工具栏：【修改】中

3) 操作过程

命令：_fillet

当前设置：模式 = 修剪，半径 = 2.0000

选择第一个对象或 [放弃(U)/多段线(P)/半径(R)/修剪(T)/多个(M)]：r

指定圆角半径 <2.0000>: 8

选择第一个对象或 [放弃(U)/多段线(P)/半径(R)/修剪(T)/多个(M)]：

选择第二个对象，或按住 Shift 键选择对象以应用角点或 [半径(R)]：

对两正交直线进行圆角处理的示例如图 3-24 所示。

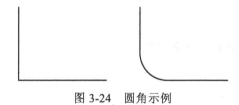

图 3-24 圆角示例

3.8.3 分解

1) 功能

该命令用于将复合对象分解为其部件对象。

2) 命令的输入

(1) 命令行：explode

(2) 菜单：【修改】→【分解】

(3) 工具栏：【修改】中

3) 操作过程

命令：_explode

选择对象: 指定对角点: 找到 1 个

图 3-25 所示为对一个矩形进行分解的示例。

4) 说明

(1) 该命令可以将块、尺寸或其他实体分解为单个实体;

(2) 该命令可以将具有宽度的多段线分解为失去宽度的单个实体,如图 3-26 所示。

命令: _explode

选择对象: 指定对角点: 找到 1 个

选择对象:

分解此多段线时丢失宽度信息。

可用 undo 命令恢复。

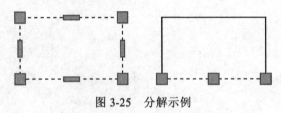

图 3-25　分解示例　　　　　　　图 3-26　多段线分解示例

3.9　编辑多段线命令

3.9.1　编辑多段线

1) 功能

该命令用于编辑多段线。

2) 命令的输入

命令行: pedit (PE)

菜单:【修改】→【对象】→【多段线】

工具栏:【修改II】中 ⌒

3) 操作过程

将图 3-27 (1) 合并成多段线的程序如下。

命令: _pedit 选择多段线或 [多条 (M)]:

选定的对象不是多段线

是否将其转换为多段线? <Y>y

输入选项 [闭合 (C) /合并 (J) /宽度 (W) /编辑顶点 (E) /拟合 (F) /样条曲线 (S) /非曲线化 (D) /线型生成 (L) /反转 (R) /放弃 (U)]: j

选择对象: 指定对角点: 找到 4 个

选择对象:

多段线已增加 3 条线段

输入选项 [闭合 (C) / 合并 (J) /宽度 (W) /编辑顶点 (E) /拟合 (F) /样条曲线 (S)

/非曲线化（D）/线型生成（L）/反转（R）/放弃（U）]：

图 3-27（2）所示为执行命令后的图形。

4) 说明

（1）选项合并（J）能将首尾相连的多条直线、圆弧和多段线合并成一条多段线；

（2）选项宽度（W）可以修改多段线的宽度；

（3）选项编辑顶点（E）可以令多段线起点处出现一个标记"×"，作为当前顶点，并按照命令行出现的提示进行操作；

（4）选项拟合（F）是将多段线生成由光滑圆弧连接的拟合曲线；

（5）选项样条曲线（S）是将多段线以各顶点为控制点生成样条曲线；

（6）选项非曲线化（D）是将多段线中的圆弧由直线替代。

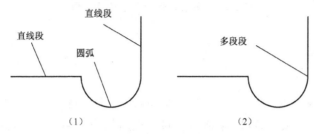

图 3-27　多段线分解示例

3.9.2　编辑多段线实例

【例 3-1】修改多段线的宽度，如图 3-28 所示。

命令：_pedit 选择多段线或 [多条（M）]：

输入选项 [闭合（C）/合并（J）/宽度（W）/编辑顶点（E）/拟合（F）/样条曲线（S）/非曲线化（D）/线型生成（L）/反转（R）/放弃（U）]：w

指定所有线段的新宽度：3

输入选项 [闭合（C）/合并（J）/宽度（W）/编辑顶点（E）/拟合（F）/样条曲线（S）/非曲线化（D）/线型生成（L）/反转（R）/放弃（U）]：

【例 3-2】拟合多段线，如图 2-29 所示。

命令：_pedit 选择多段线或 [多条（M）]：选择多段线或 [多条（M）]：

输入选项 [闭合（C）/合并（J）/宽度（W）/编辑顶点（E）/拟合（F）/样条曲线（S）/非曲线化（D）/线型生成（L）/反转（R）/放弃（U）]：f

输入选项 [闭合（C）/合并（J）/宽度（W）/编辑顶点（E）/拟合（F）/样条曲线（S）/非曲线化（D）/线型生成（L）/反转（R）/放弃（U）]：

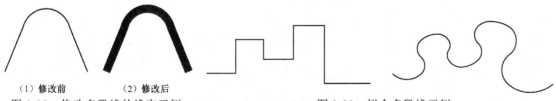

图 3-28　修改多段线的线宽示例　　　　　图 3-29　拟合多段线示例

【例 3-3】将多段线生成样条曲线，如图 3-30 所示。

命令：_pedit 选择多段线或 [多条（M）]：

输入选项 [闭合（C）/合并（J）/宽度（W）/编辑顶点（E）/拟合（F）/样条曲线（S）/非曲线化（D）/线型生成（L）/反转（R）/放弃（U）]：s

输入选项 [闭合（C）/合并（J）/宽度（W）/编辑顶点（E）/拟合（F）/样条曲线（S）/非曲线化（D）/线型生成（L）/反转（R）/放弃（U）]：

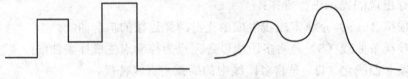

图 3-30　多段线生成样条曲线示例

3.10　特性命令

AutoCAD 中的每个图形对象均具有与其类型相对应的特性，如图层、线型、颜色等。因此，用户可以利用 AutoCAD 的【特性】对话框对相应的参数进行修改。图 3-31 所示为圆的【特性】对话框。

1）功能

该命令用于修改和查询对象的参数。

2）命令的输入

（1）命令行：properties

（2）菜单：【修改】→【特性】

（3）工具栏：【标准】中

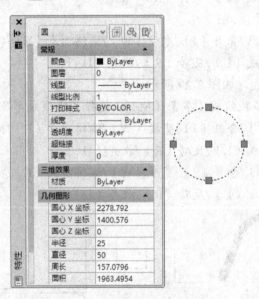

图 3-31　圆的【特性】对话框

该窗口捕捉需要修改的图形实体后单击鼠标右键，在【修改】菜单中选择【特性】即可弹出该对话框。用户可以将其拖动放在任何地方，双击窗口的标题条将停靠在 AutoCAD 工作界面的左边或右边。

当 AutoCAD 在【特性】窗口中选择多个对象时仅显示所有选中对象的公共特性，未选中对象时仅显示当前设置的常规特性。用户可以对其中的常规特性设置、几何图形、打印样式、视图和其他等对象特性进行修改。按"Esc"键结束对对象的修改。

【例 3-4】利用【特性】对话框查询由封闭多段线组成的线框的边长和面积，如图 3-32 所示。

用命令"properties"打开【特性】对话框，再用鼠标选择多段线线框，在几何图形特性中，可以查询出边长和面积，如图 3-32 所示。

注意，如果封闭的线框是由多个对象所组成时，须先将其合并成一个多段线对象或创建成面域后，再用【特性】对话框进行查询。

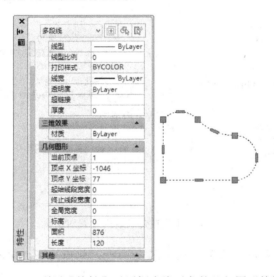

图 3-32　利用【特性】对话框查询对象的几何图形特性

3.11　利用夹点编辑

AutoCAD 在图形对象上定义了一些特殊点，称为夹点，如图 3-33 所示。利用这些夹点功能可以快速方便地编辑对象。

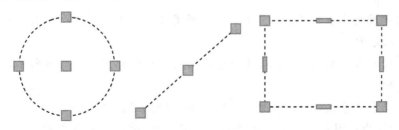

图 3-33　对象的夹点示例

要使用夹点功能编辑对象必须先打开夹点功能,打开方法是:选择菜单中的【工具】→【选项】,在【选择】对话框的夹点选项组中选中"显示夹点"复选框,如图3-34所示。

当选取某个实体后,该实体上的夹点将显示夹持状态,如再次单击某一夹点,则该夹点将变为红色(默认)小方框,从而可对该实体进行拉伸、移动、旋转、缩放和镜像复制等操作。可以用"空格"键或"回车"键循环选择这些功能。

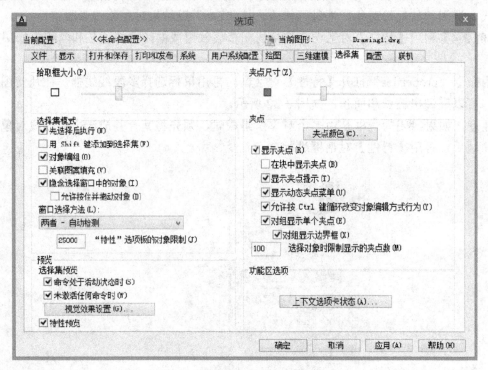

图3-34 对象的夹点启用设置对话框

在图形中拾取一个夹点,该夹点马上改变颜色,此点为夹点编辑的基准点,这时系统提示:

** 拉伸 **

指定拉伸点或 [基点(B)/复制(C)/放弃(U)/退出(X)]:

如执行下一功能,可以用空格键或回车键循环选择这些功能,系统分别提示:。

** 移动 **

指定移动点或 [基点(B)/复制(C)/放弃(U)/退出(X)]:

** 旋转 **

指定旋转角度或 [基点(B)/复制(C)/放弃(U)/参照(R)/退出(X)]:

** 比例缩放 **

指定比例因子或 [基点(B)/复制(C)/放弃(U)/参照(R)/退出(X)]:

** 镜像 **

指定第二点或 [基点(B)/复制(C)/放弃(U)/退出(X)]:

图3-35所示为利用夹点的拉伸功能将图3-35(1)编辑完成图3-35(3)。

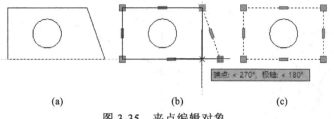

图 3-35 夹点编辑对象

思考与练习题

3.1 如何打开或关闭 AutoCAD 的【修改】工具栏？
3.2 AutoCAD 在执行"修改"命令时光标有何变化？
3.3 如何设置和编辑对象的夹点？
3.4 按给定尺寸绘制练习题图 3-1~3-32。

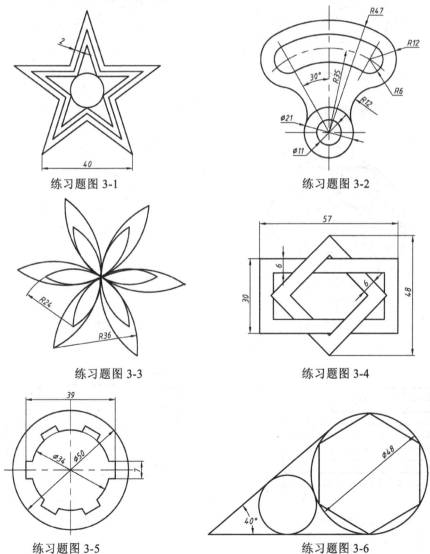

练习题图 3-1

练习题图 3-2

练习题图 3-3

练习题图 3-4

练习题图 3-5

练习题图 3-6

练习题图 3-7

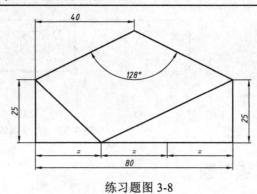
练习题图 3-8

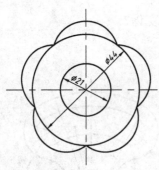
练习题图 3-9

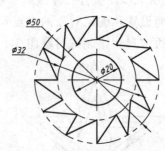
练习题图 3-10

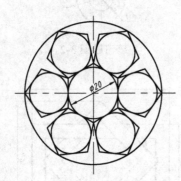
练习题图 3-11

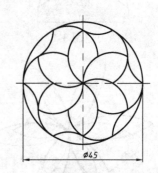
练习题图 3-12

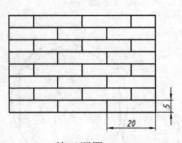
练习题图 3-13

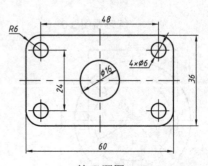
练习题图 3-14

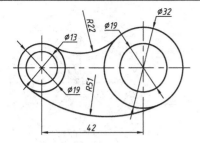

练习题图 3-15

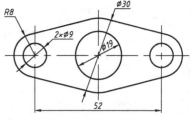

练习题图 3-16

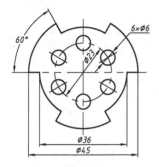

练习题图 3-17

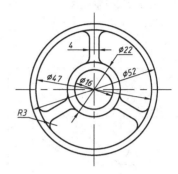

练习题图 3-18

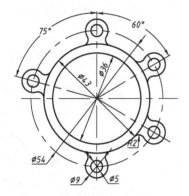

练习题图 3-19

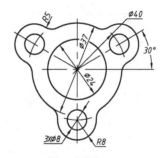

练习题图 3-20

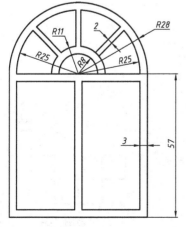

练习题图 3-21

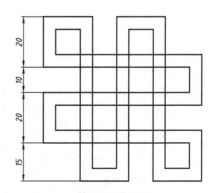

练习题图 3-22

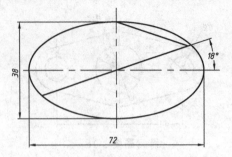

练习题图 3-23

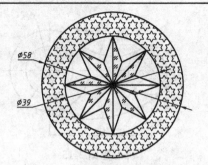

练习题图 3-24

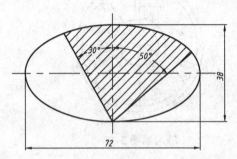

练习题图 3-25

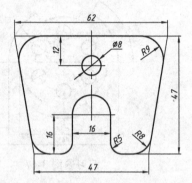

练习题图 3-26

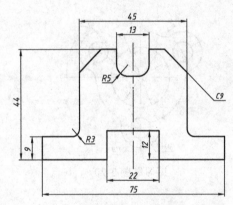

练习题图 3-27

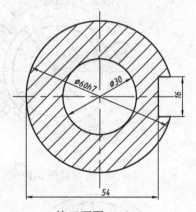

练习题图 3-28

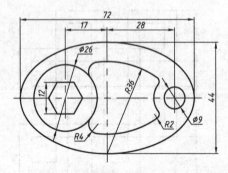

练习题图 3-29

练习题图 3-30

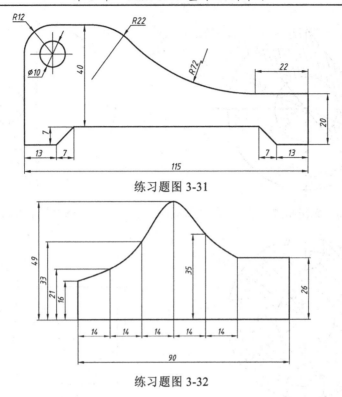

练习题图 3-31

练习题图 3-32

3.5 按给定尺寸绘制练习题图 3-33~3-44，并用【特性】对话框查询阴影部分的周长和面积。

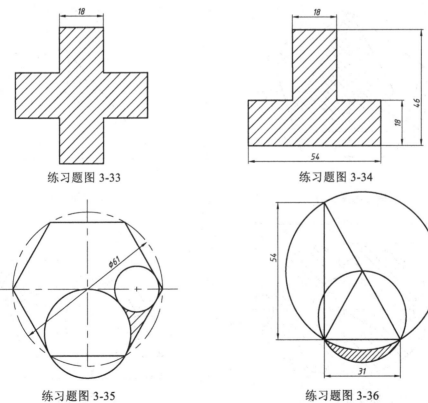

练习题图 3-33

练习题图 3-34

练习题图 3-35

练习题图 3-36

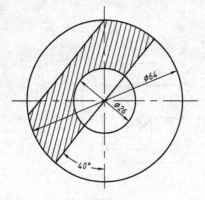

练习题图 3-37

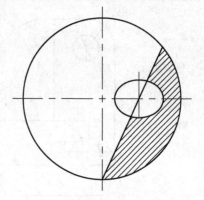

练习题图 3-38

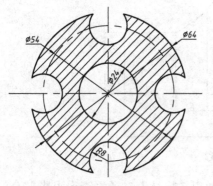

练习题图 3-39

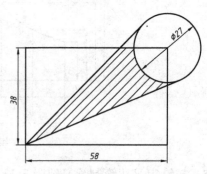

练习题图 3-40

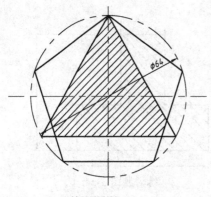

练习题图 3-41

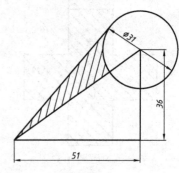

练习题图 3-42

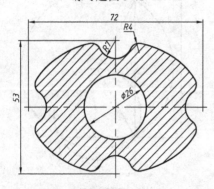

练习题图 3-43

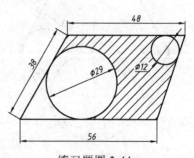

练习题图 3-44

第4章 绘图环境的设置

在绘制图形时，AutoCAD 为用户提供了大量的各种必要的和辅助的绘图工具，如图层管理器、对象选择工具、定位工具及工具栏等，为了快速、准确、方便的绘制和修改图形，必须学会设置利用这些工具，这样才能提高绘图的效率，更好的保证绘图质量。

4.1 图形界限与单位的设置

4.1.1 图形界限

1）功能

该命令用于设定模型空间的界限。

2）命令的输入

（1）命令行：limits

（2）菜单：【格式】→【图形界限】

3）操作过程

命令：_limits

重新设置模型空间界限：

指定左下角点或 [开（ON）/关（OFF）] <0, 0>: ✓

指定右上角点 <420, 297>: ✓

4）说明

（1）默认的模型空间界限为 420×297；

（2）更改模型空间界限时，左下角点可默认，也可在屏幕绘图区域任点一点，右上角用相对直角坐标输入，如设置 100×200 的模型空间界限，右上角点输入@100，200。

4.1.2 图形单位

1）功能

该命令用于控制坐标和角度显示的格式和精度。

2）命令的输入

（1）命令行：units

（2）菜单：【格式】→【图形单位】

3）操作过程

执行 units 命令后，弹出【图形单位】对话框，如图 4-1 所示，可以设置长度的类型与精度，角度的类型、精度及测量方向（顺时针或逆时针）、插入时缩放的单位等，单击【方向】按钮弹出【方向控制】对话框，可进行基准角度设置，如图 4-2 所示。

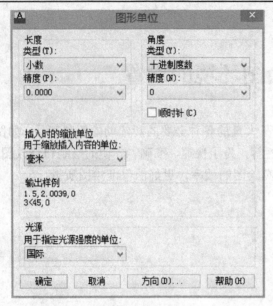
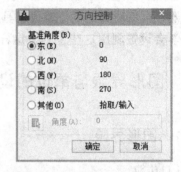

图 4-1 【图形单位】对话框　　　　　　图 4-2 【方向控制】对话框

4.2 图层

4.2.1 图层的概念

AutoCAD 的图层就像一张透明的图纸，每一图层一般包含同一对象，可以逐层叠放，如图 4-3 所示。AutoCAD 为用户创建的图层、颜色、线型等功能，并将同一对象布置在同一层上，使得复杂的作图更容易操作表达。也可以为每一个图层设置颜色、线型和线宽等。一张图上可以有多个图层，每层上图形对象的数量没有限制。AutoCAD 在默认情况下只有一个图层，即 0 层，同时用户也可以根据绘图需要增加和删除某一个图层（0 层除外）。

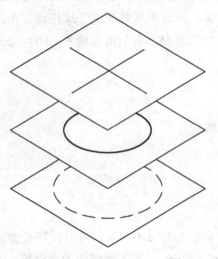
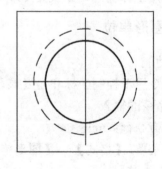

图 4-3 想象的图层

4.2.2 图层的创建与管理

AutoCAD 2014 提供了详细直观的【图层特性管理器】对话框，如图 4-4 所示。用户可以方便地通过对话框中的各个选项及其二级对话框的设置，来创建新图层和管理图层的颜色、线型和线宽等操作。

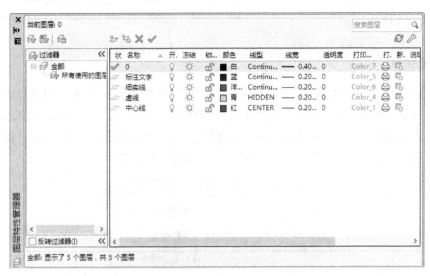

图 4-4　图层特性管理器

1．打开图层特性管理器

1）功能

管理图层和图层特性。

2）命令输入

（1）命令行：Layer

（2）菜单：【格式】→【图层】

（3）工具栏：【图层】

3）操作过程

执行命令后，系统弹出【图层特性管理器】对话框，如图 4-4 所示。

2．创建新图层与管理

在图层特性管理器中，用户既可以建立新的图层，删除某一图层，并可以设置各层的名称、颜色、线型、线宽等，也可设定图层状态。开/关（ON/OFF）、冻结/解冻（Freeze/Thaw）、加锁/解锁（Lock/Unlock）。

（1）创建新图层：用户每点击一次图标按钮，就增加一个新的图层，命名对应的名称。

（2）删除图层：将光标停留在某一图层上，再点击一次图标 按钮，AutoCAD 将在图层前的状态栏目下作""标记。

（3）置为当前层：由于 AutoCAD 只能将某一个图层设为当前工作图层，所以在绘图时应经常更换当前图层。将某一图层点亮后，再点击图标 按钮，就可以置为当前图层。

（4）开 💡/关 💡（ON/OFF）：关闭某层，该层上的内容不可见，也不可以输出。当前图层不可以关闭。

（5）冻结❄/解冻☀（Freeze / Thaw）：冻结层不可见，也不可以输出，当前层不能冻结。如果图层设置过多，冻结某些图层既利于观察也可以加快系统重新生成图形的速度。

（6）加锁🔒/解锁🔓（Lock/Unlock）：锁定的图层可见，也可以输出，但是不能编辑。

4.2.3 图层的特性

1. 设置颜色

每个图层应设置相应的颜色，即在【图层特性管理器】中，在选中的图层上单击【颜色】下的小方框，弹出如图 4-5 所示的【选择颜色】对话框，在该对话框中有三种色彩模式，其中"索引颜色"有 255 种颜色可供选择，每一颜色对应一个颜色号，如红色对应"1"。每一图层应选择一种颜色，不同的图层，颜色要不相同。

图 4-5 【选择颜色】对话框

2. 设置线型

设置每个图层上实体需要的线型，可以单击【图层特性管理器】中相应图层"线型"下的名称，弹出如图 4-6 所示的【选择线型】对话框，用户在该框内可以选择需要的线型。没有的线型再点击【加载】按钮，打开线型文件 acadiso.lin，弹出【加载或重载线型】对话框内，从中选择需加载的线型即可，如图 4-7 所示。

3. 设置线宽

要设置图层线型的宽度，只需要在【图层特性管理器】中的"线宽"下点击相应图层上的线宽，即可弹出【线宽】对话框，如图 4-8 所示，用户可以从中选择需要的线型宽度。

选择【格式】下拉菜单中【线宽】命令，打开【线宽设置】对话框，如图 4-9 所示，可以选择线宽和调整显示比例。绘图时，如要在屏幕上显示线宽可以勾选显示【线宽选项】，也可按下状态栏中的【线宽】按钮。

图 4-6 【选择线型】对话框

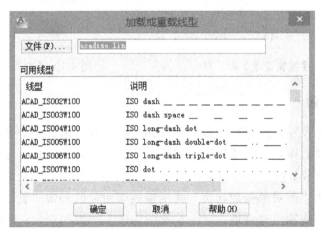

图 4-7 【加载或重载线型】对话框

图 4-8 【线宽】对话框

4. 设置图层透明度

控制图层的透明度可以根据需要降低特定图层上的所有对象的可见性，设定图层透明度可以提升图形品质。将透明度应用于某个图层后，将以相同的透明度级别创建添加到该图层的所有对象。该图层上所有对象的透明度特性将设定为"ByLayer"。

在图层特性管理器中可以设定图层的透明度。单击【图层特性管理器】中透明度列，打开【图层透明度】对话框，如图 4-10 所示，透明度值为 0~90，数值越大，图形可见性大。

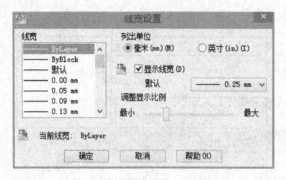

图 4-9 【线宽设置】对话框

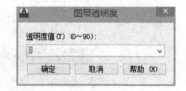

图 4-10 【图层透明度】对话框

5. 线型比例设置

有时候，用户所设置的线型在屏幕显示或输出时，其结果并不符合要求，这是因为线型的比例可能不合适。可以选择【格式】菜单中【线型】命令，打开【线型管理器】对话框，并点击【显示细节】按钮进行设置，如图 4-11 所示。其中，"全局比例因子"为整体图形的线型比例；"当前对象缩放比例"为当前线型对象的局部设置比例。为使图形中除实线以外的线型显示或输出时合适，"全局比例因子"一般初选值：0.3~0.5。

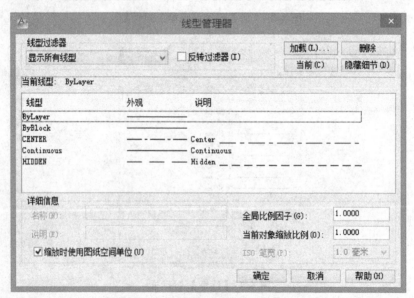

图 4-11 【线型管理器】对话框

注意：作图时，图形文件中同一图层对象的特性尽量都选择随层（ByLayer），这样便于统一管理和修改。

4.2.4 图层和对象特性工具栏

1．图层工具栏

AutoCAD 为用户提供了图层管理和修改对象图层的【图层】工具栏，用户可以通过该工具栏上图标来方便管理图层。【图层】工具栏各部分功能如下：

图 4-12 【图层】工具栏

（1）：打开图层特性管理器。

（2）图层下拉列表：如图 4-12 所示，用户可以将选定的图层置为当前层、关闭或打开、冻结或解冻和加锁或解锁。如想改变对象所在的图层可以先在绘图区内选择该对象，再在下拉列表中选择需要的图层，即可将图中的对象从某图层转换到另一图层。

（3）：将对象的图层置为当前层。

（4）：放弃对上一个图层的设置。

2．对象特性工具栏

AutoCAD 为用户提供了用于查看和修改对象属性的【特性】工具栏，如图 4-13 所示。用户可以通过工具栏上的图标方便地查看和修改所选择对象的颜色、线型和线宽等。【特性】工具栏中下拉列表从左到右各部分功能如下：

图 4-13 【特性】工具栏

（1）颜色：单击对应的下拉列表，用户可以从弹出的颜色列表中选定的需要的颜色。如果没有需要的颜色则单击列表最后的"选择颜色"选项，从弹出的【选择颜色】对话框中选择所需要的颜色。修改当前颜色后，此时不论在哪个图层上绘图都采用此颜色，但对各图层原来的颜色设置没有影响。

（2）线型：单击对应的下拉列表，用户可以从弹出的已经加载的线型列表中选定需要的线型。如果没有需要的则单击列表最后的"其他"选项，从弹出的【线型管理器】中加载所需要的线型后，再选择。修改当前线型后，此时不论在哪个图层上绘图都采用此线型，但对各图层原来的线型设置没有影响。

（3）线宽：单击对应的下拉列表，用户可以从弹出的线宽列表中选定所需要的线宽。修改当前线宽后，此时不论在哪个图层上绘图都采用此线宽，但对各图层的原来线宽设置没有影响。

注意：在各图层上绘制对象时，在对象【特性】工具栏中的颜色、线型和线宽应尽量选择随层（ByLayer），这样便于管理和修改。

利用 AutoCAD 中【特性】对话框，可以方便地设置和修改图层及其特性。【特性】对话框也有其他功能，用户在学习时应灵活运用。

4.3 对象捕捉

4.3.1 对象捕捉的概念

利用 AutoCAD 绘图时，为了精确绘图经常需要捕捉已经绘制出对象上的某个特征点，如端点、圆心、交点、中点等，可以通过打开 AutoCAD 中的【对象捕捉】工具栏和【草图设置】对话框等方式调出对象捕捉功能，快速准确地绘制图形。

4.3.2 对象捕捉模式的设置

1. 单一对象捕捉模式

当绘图时须要捕捉某个对象上的特征点时，单击【对象捕捉】工具栏（见图 4-14）中相应的按钮，再把光标移动到特征点附近，即可捕捉到相应的特征点，单击"确定"键即可。【对象捕捉】工具栏各按钮的功能如下：

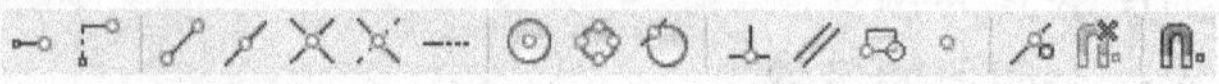

图 4-14 【对象捕捉】工具栏

（1）临时追踪点：创建对象捕捉的临时追踪点。
（2）捕捉自：在命令中获取某个点相对于参照点的偏移。
（3）捕捉到端点：捕捉到对象最近的端点。
（4）捕捉到中点：捕捉到对象的中点。
（5）捕捉到交点：捕捉到两个对象的交点。
（6）捕捉到外观点：捕捉到两个对象的外观交点。外观的点是两个对象延长或投影后的交点。即两个对象不直接相交时，系统可自动计算其延长后的交点，或者空间异面直线在投影方向上的交点。
（7）捕捉到延长线：捕捉到直线或圆弧的延长线。
（8）捕捉到圆心：捕捉到圆、圆弧、椭圆或椭圆弧的中心点。
（9）捕捉到象限点：捕捉到圆、圆弧、椭圆或椭圆弧的象限点（象限的分界点）。
（10）捕捉到切点：捕捉到圆、圆弧、椭圆、椭圆弧或样条曲线的切点。
（11）捕捉到垂足：捕捉到垂直于对象的垂足。
（12）捕捉到平行：捕捉到指定直线的平行线。操作时指定直线的第一点，单击后，将光标移动到要平行的直线上停留一下，出现平行捕捉标记时（见图 4-15（1）），将光标平移到与指定直线平行处，出现平行路径（见图 4-15（2）），即可指定直线的端点，绘出平行线，如图 4-15（3）所示。
（13）捕捉到插入点：捕捉到文字、块或属性等对象的插入点。

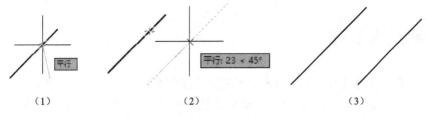

图 4-15 平行捕捉

(14) 捕捉到节点 ：捕捉到点的对象。
(15) 捕捉到最近点 ：捕捉到对象的最近点。
(16) 无捕捉 ：禁止对当前选择执行对象捕捉。
(17) 对象捕捉设置 ：设置直线对象的捕捉模式。

2．自动对象捕捉模式

绘图时，使用对象捕捉的频率非常高，可以充分利用 AutoCAD 中的自动捕捉功能。根据需要对常用的捕捉功能进行设置后,将光标在对象定点附近停留时可自动捕捉到定点，这样就提高了绘图速度。各种捕捉模式设置如下：

1）执行方式
（1）命令：ddosnap
（2）菜单:【工具】→【选项】
（3）工具栏:【对象捕捉】
（4）功能键：F3

2）设置方法

在【草图设置】对话框中的"对象捕捉"选项中，勾选"启用对象捕捉"，根据需要选择对象捕捉模式，如图 4-16 所示。通常先选择端点、圆心、交点和延长线，其他根据需要进行选择。

注意：对象捕捉模式不要选择太多，否则会相互干涉，影响绘图。

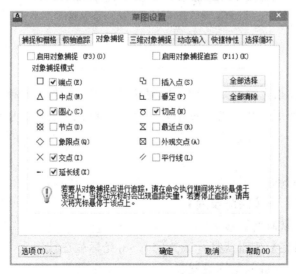

图 4-16 【草图设置】对话框的"对象捕捉"选项

4.4 辅助绘图工具

绘图时为精确快速地绘图，AutoCAD 提供了许多辅助绘图工具。这些辅助绘图工具放置在状态栏中，灵活运用好这些工具，才能实现快速精确地绘图。这些辅助绘图工具也是透明命令，在执行命令的过程中可以随时插入，不影响命令的正常使用。状态栏的显示有使用图标和不使用图标两种模式，如图 4-17 所示。光标放在按钮上单击即启用，同时按钮发亮显示，再次单击即可关闭。将光标放在状态栏上单击鼠标右键，在弹出的快捷菜单中（见图 4-18），可对状态栏进行设置，二维绘图时常用的选项如图 4-17 所示。

（1）使用图标的状态栏　　　　　　　　（2）不使用图标的状态栏

图 4-17　状态栏

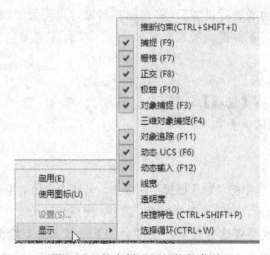

图 4-18　状态栏设置的快捷菜单

4.4.1 捕捉

绘图时限制光标按指定的间距移动。捕捉功能开启时光标只能确定到其中的一个栅格点上，应与栅格配合使用。初学者尽量不要启用，因设置不合适将影响光标的移动，光标是抖动的。

1）执行方式

（1）命令：snap（SN）

（2）菜单：【工具】→【绘图设置】

（3）工具栏：【对象捕捉】

（4）状态栏：【捕捉】按钮（打开或关闭）。将光标放在按钮上，单击鼠标右键在弹出快捷菜单中单击设置，则进入草图设置。

（5）功能键：F9（打开或关闭）

2）设置方法

（1）命令窗口设置：执行命令 snap（SN）过程如下：

命令：snap（SN）

指定捕捉间距或[开（ON）/关（OFF）/纵横向间距（A）/样式（S）/类型（T）]<10.0000>:
10（捕捉间距为 10）

（2）【草图设置】对话框设置：在【捕捉和栅格】选项中进行设置，如图 4-19 所示。

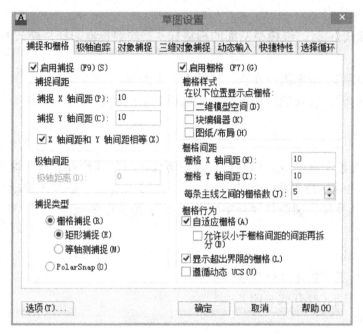

图 4-19 【草图设置】对话框的捕捉和栅格设置

3）说明

（1）【捕捉间距】：指定 X、Y 轴方向上的间距，可以相同，也可以不同。

（2）【捕捉类型】：选定栅格捕捉或极轴捕捉（PolarSnap），其中栅格捕捉有矩形捕捉和等轴测捕捉。

4.4.2 栅格

绘图时控制是否在绘图区域上显出栅格，以及设置栅格的 X、Y 轴方向的间距。开启栅格后，绘图就很方便，如同在方格纸上绘图一样。

1）执行方式

（1）命令：grid

（2）菜单：【工具】→【绘图设置】

（3）工具栏：【对象捕捉】

（4）状态栏：栅格按钮（打开或关闭）。将光标放在按钮上，单击鼠标右键，在弹出快捷菜单中单击设置，则进入草图设置。

（5）功能键：F7（打开或关闭）

2）设置方法

（1）命令窗口设置：执行命令栅格 GRID 过程如下：

命令：grid

指定栅格间距（X）或 [开（ON）/关（OFF）/捕捉（S）/主（M）/自适应（D）/界限（L）/跟随（F）/纵横向间距（A）] <0.0000>：10（栅格间距为 10）

（2）【草图设置】对话框设置：在【捕捉和栅格】选项中进行设置，如图 4-19 所示。

3）说明

（1）【栅格样式】：有二维模型空间的栅格样式，块编辑器的栅格样式和图纸/布局的栅格样式。

（2）【栅格间距】：指定栅格在 X、Y 轴方向上的间距。

（3）【栅格行为】：有自适应栅格和显示超出界限的栅格。

4.4.3 正交

绘图时经常要绘制水平直线和垂直直线，为保证用鼠标拾取的两个端点严格控制在水平或垂直方向，AutoCAD 提供了正交功能。启用正交功能时，画线或移动对象时只能沿水平或垂直方向移动光标，因此只能画平行于 X 或 Y 轴方向的线段。

1）执行方式

（1）命令：ortho

（2）状态栏：正交按钮（打开或关闭）

（3）功能键：F8（打开或关闭）

2）操作方法

命令：ortho

输入模式 [开（ON）/关（OFF）] <关>：（设置开 on 或关 off）

4.4.4 自动追踪

利用 AutoCAD 中的自动追踪功能可以帮助用户精确绘图，即在精确的位置上或以精确的角度绘图。有极轴追踪和对象捕捉追踪两种模式。

1. 极轴追踪

极轴追踪是指以起始点为基准，按指定的极轴角或极轴角的倍数对齐要指定点的路径。极轴追踪必须配合极轴功能和对象追踪。

1）执行方式

（1）状态栏：打开【极轴】和【对象追踪】按钮。

（2）功能键：F10 和 F11

2）设置方法

将光标放置在状态栏中极轴按钮上，单击鼠标右键，在弹出的快捷菜单中点击"设置"，系统打开【草图设置】对话框中的【极轴追踪】选项卡（见图 4-20）设置如下：

（1）【极轴角设置】：单击"增量角"的下拉列表可选择常用的 90°、45°、30°、22.5°、

18°、15°或 5°角度,也可直接输入任意角度。复选"附加角"则表示除增量角或其倍数角外,再增加的一个极轴追踪角。

(2)【极轴角测量】:可选"绝对"或"相对上一段"。绝对极轴角表示以坐标系 X 轴为基准进行测量,而相对上一段则表示命令操作过程中以创建的最后一条直线为基准进行测量。

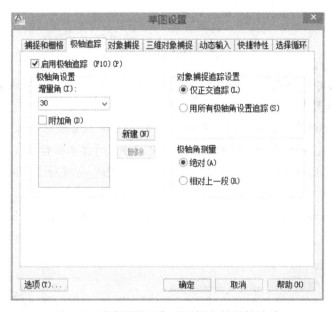

图 4-20 【草图设置】对话框中的极轴追踪

2. 对象捕捉追踪

对象捕捉追踪是指以捕捉到的特殊位置点,按指定的极轴角或极轴角的倍数对齐要指定点的路径。

1)执行方式

(1)状态栏:打开【对象捕捉】和【对象追踪】按钮。

(2)功能键:F3 和 F11

2)设置方法

打开【草图设置】对话框中的【对象捕捉】选项卡,如图 4-16 所示,选中"启用对象捕捉追踪"即可。

【例 4-1】利用自动捕捉功能设置,用【直线】命令画出倾斜 35°的长为 100,宽为 50 的矩形,如图 4-21 所示。

作图步骤:

(1)在状态栏按下【极轴】和【对象追踪】,其余关闭。

(2)打开【草图设置】对话框中的【极轴追踪】选项卡,极轴增量选择 90°,附加角选择 35°,极轴测量角选择"相对上一段"。

(3)执行【直线】命令。

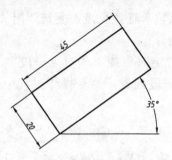

图 4-21 自动捕捉绘图示例

命令：_line 指定第一点：（任意指定起始点后，移动光标到与 X 轴成 35°出现对齐路径时，见图 4-22（1）。）

指定下一点或 [放弃（U）]：45（光标出现对 35°对齐路径时输入 45°。）

指定下一点或 [放弃（U）]：20（移动光标出现对 90°对齐路径时输入 20，见图 4-22（2）。）

指定下一点或 [闭合（C）/放弃（U）]：45（移动光标出现对 90°对齐路径时输入 45，见图 4-22（3）。）

指定下一点或 [闭合（C）/放弃（U）]：c（输入 c 闭合，完成图形，见图 4-22（4）。）

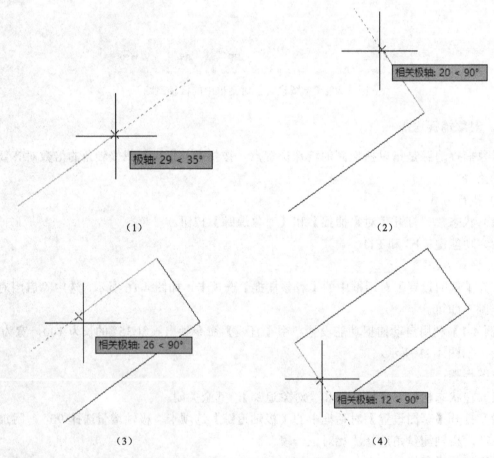

图 4-22 自动捕捉绘图步骤

注意：作图时当已知下一点的对齐路径时，可沿对齐路径方向直接在命令窗口给定与上一点的距离，即可精确定点。

4.4.5 动态输入

利用 AutoCAD 的动态输入功能，绘图时可在绘图区域直接动态输入绘制对象的各种参数，从而使绘图更加直观方便。

1）执行方式

（1）命令行：dsettings

（2）状态栏：【DYN】按钮（打开或关闭）

（3）功能键：F12（打开或关闭）

（4）工具栏：【对象捕捉】

2）设置方法

执行命令后，在打开的【草图设置】对话框的【动态输入】选项卡（见图4-23）中，选中启用指针输入，单击【设置】按钮，打开【指针输入设置】对话框（见图4-24），对"格式"和"可见性"进行设置。

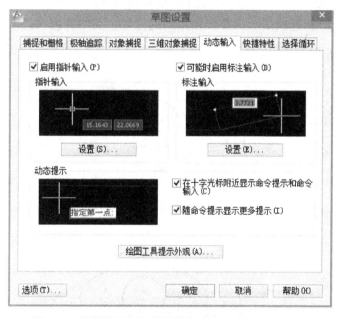

图 4-23 【草图设置】对话框的【动态输入】选项卡

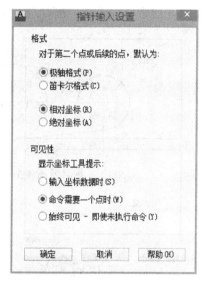

图 4-24 【指针输入设置】对话框

思考与练习题

4.1 按以下规定设置图层和线型：

图层名称	颜色	（颜色号）	线型	线宽
粗实线	白	（7）	Continuous	0.4
细实线	蓝	（5）	Continuous	0.2

虚线	黄	（2）	Dashed	0.2
点划线	蓝	（1）	Center	0.2
标注与文字	洋红	（6）	Continuous	0.2

将设置好的图层和线型以"TU1"命名后，保存在 d 盘文件夹中，并将图形界限设置为"A4（297×210）"大小，长度类型为"小数"，精度为"0.0"。角度类型为"十进制"，精度为中"0"，角度测量方向为逆时针，基准角度为"正东"。

4.2 利用自动捕捉功能绘制练习题图 4-1，练习题图 4-2。

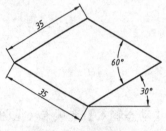
练习题图 4-1

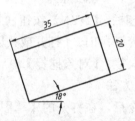
练习题图 4-2

4.3 在练习题 4.1 命名的文件"TU1"中绘制下列各图（见练习题图 4-3～4-8），注意，图中的同类线型应在对应的图层上；绘制完成后，调整好图形间的位置，关闭前调整线型比例和线宽，使其全屏最佳显示。

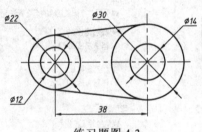
练习题图 4-3

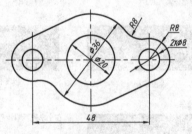
练习题图 4-4

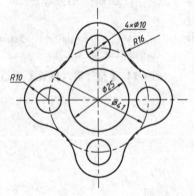
练习题图 4-5

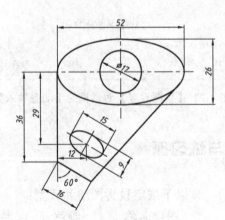
练习题图 4-6

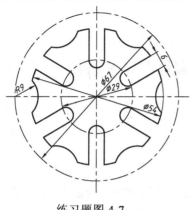
练习题图 4-7

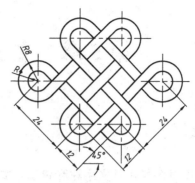
练习题图 4-8

第 5 章 文字、块和尺寸标注

5.1 文字

经常要对图样进行文字注释说明，如技术要求、注释说明等，因此必须在图样上加注一些文字。AutoCAD 使用"文字样式"命令来控制文本类型，主要书写命令有单行（TEXT）或多行（MTEXT）两种形式，同时通过文字编辑命令可以对文本进行修改。

5.1.1 文字样式的设置

1）功能

该命令用于设置文字的样式，文字包括字体、字号、倾斜角度、方向、效果和注释等。

2）命令的输入

（1）命令行：style

（2）菜单：【格式】→【文字样式】

（3）工具栏：【样式】中

3）操作过程

执行命令"style"后弹出如图 5-1 所示的对话框，单击【新建】按钮，弹出【新建文字样式】，对新建文字样式命名，如"HZ"样式，如图 5-2 所示，单击【确定】按钮后，可对新命名的"HZ"文字样式进行如下设置：

（1）"字体名"选择"仿宋"，"使用大字体"不选。

（2）"大小"高度设置为 0，"注释性"不选。

（3）"效果"宽度因子设置为 0.7，倾斜角度为 0，其他不选。

（4）单击【应用】按钮，如图 5-3 所示。

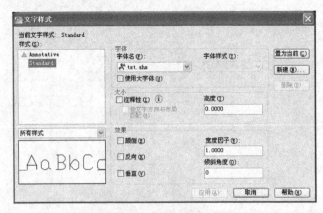

图 5-1 【文字样式】对话框

用同样步骤可以创建"GB"样式：字体为"gbetic.shx"，选中大字体为"gbcbig.shx"，高度为0，宽度因子为1，如图5-4所示，设置完成后单击【关闭】按钮。

图 5-2 【新建文字样式】对话框

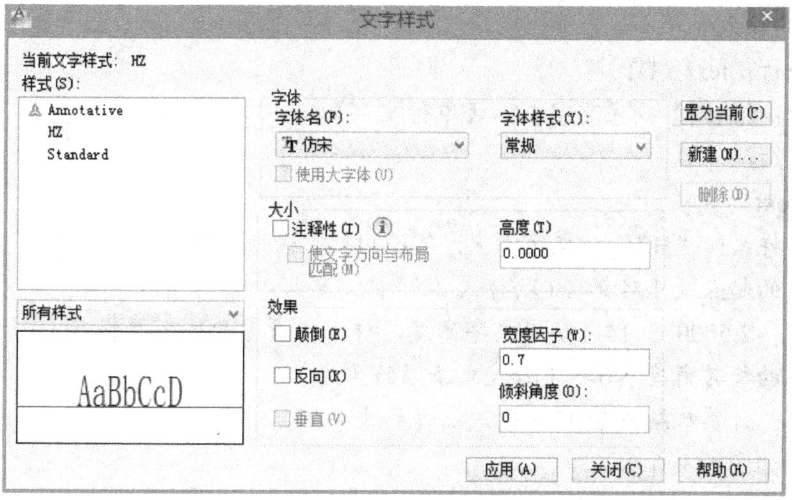

图 5-3 HZ【文字样式】对话框设置

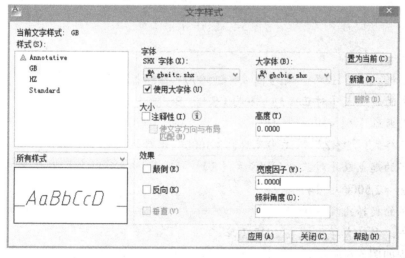

图 5-4 GB【文字样式】对话框设置

4）说明

在同一个图形文件中可以定义多个文字样式名称，以满足图样注释的需要。其中文字的高度和宽度可以预先设置，也可以在输入文字时系统提示后再临时定义。用户可以一次定义多种文字样式。

5.1.2 文字书写与修改

AutoCAD 为用户提供了单行文字和多行文字输入法，能够完全满足绘制各种图样的文字注释需要。

1. 单行文字

1）功能

该命令用于将若干文字段创建成单行文字。

2）命令的输入

（1）命令行：text（DT）

（2）菜单：【绘图】→【文字】→【单行文字】

3）操作过程

命令：_text

当前文字样式："HZ"　文字高度：2.5000　注释性：否

指定文字的起点或 [对正（J）/样式（S）]:

指定高度 <2.5000>：14（确定文字高度，样式中设置此处不再提示）

指定文字的旋转角度 <0>:（输入文字倾斜角度）

输入文字：计算机绘图 2012（输入注释的文字）↙

绘制示例如图 5-5 所示。

计算机绘图2012

图 5-5 【仿宋】字体

命令：_text

当前文字样式："HZ"　文字高度：2.5000　注释性：否

指定文字的起点或 [对正（J）/样式（S）]：S

输入样式名或 [?] <HZ>：GB

当前文字样式："HZ"　文字高度：2.5000　注释性：否

指定文字的起点或 [对正（J）/样式（S）]:

指定高度 <2.5000>：14

指定文字的旋转角度 <0>:

输入文字：科技大学机械类 2012-1 班↙

绘制示例如图 5-6 所示。

科技大学机械类2012－1班

图 5-6 【gbetic.shx】字体

4）说明

（1）用户每输入完一行文字，可以单击"回车"键后继续输入，直至将全部文字输入完毕。每一行文字都是一个独立的图形实体，可以进行修改或编辑。

（2）在文字书写过程中，不允许执行其他绘图或操作命令。否则，必须退出该命令。

（3）同一字号的数字与汉字书写，要求高度相同时，用字体"gbetic.shx"，选中大字体为"gbcbig.shx"，如图 5-5 所示。

（4）AutoCAD 提供了常用特殊字符的输入形式，主要形式为：

%%%	百分号"%"	例：50%，	输入文字 **50%%%**
%%C	直径符号"Φ"	例：Φ30，	输入文字 **%%C30**
%%P	公差符号"±"	例：60±0.001，	输入文字 60**%%p0.001**
%%D	角度符号"°"	例：75°，	输入文字 **75%%d**

注意：输入字母时大、小写均可。

2．多行文字

1）功能

该命令用于将若干文字段创建成单个多行文字。使用内置编辑器可以编辑文字的外观等。

2）命令的输入

（1）命令行：mtext（MT）

（2）菜单：【绘图】→【文字】→【多行文字】

（3）工具栏：【样式】中 A

3）操作过程

命令：_mtext

当前文字样式："HZ" 当前文字高度：2

指定第一角点：确定文字框左下角点位置

指定对角点或 [高度（H）/对正（J）/行距（L）/旋转（R）/样式（S）/宽度（W）]：选择其中的项目或直接确定文字框右上角点的位置

执行上述程序后，AutoCAD 弹出多行文字输入窗口，如图 5-7 所示。

图 5-7 多行文字输入窗口

4）说明

在输入多行文字时还应注意以下几个方面：

（1）指定矩形区域后，便确定了段落的宽度，其高度可以任意扩大。
（2）若指定宽度为0，文字换行功能将关闭。
（3）可以单击按钮，在下拉的快捷菜单中选择各种操作（见图5-8所示）。

图5-8 文字快捷菜单

（4）单击按钮 @▼，在弹出的下拉菜单中选择需要的物理符号，如图5-9所示。

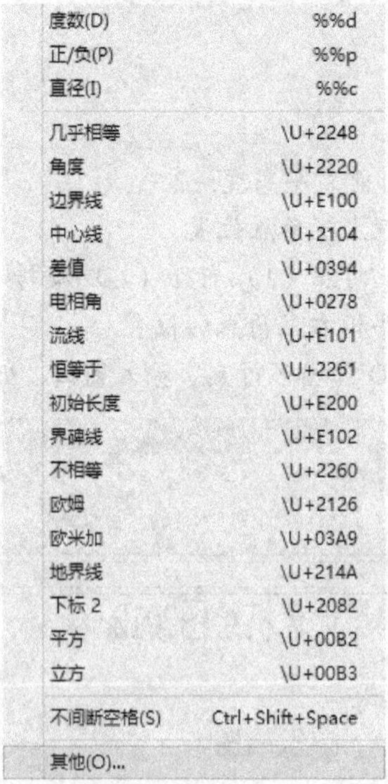

图5-9 符号快捷菜单

（5）单击堆叠文字符号按钮，可以输入分数和公差。

堆叠符合有：斜杠"/"、插入符"∼"或"^"、井号"#"。其中,斜杠"/"表示以垂直方式堆叠，例如，在文字格式对话框中输入"2/3"，拖动光标选中"2/3"后，单击堆叠符号后变为 $\frac{2}{3}$；插入符"∼"或"^"表示公差堆叠，例如，在文字格式对话框中输入"%%c50+0.007^–0.018"，拖动光标选中"+0.007∼–0.018"，单击堆叠符号后变为 $\varphi 50^{+0.007}_{-0.018}$，为了使上、下偏差对齐，应在插入符号前或后加空格。

3．文字的修改

若要编辑修改文字，直接双击需要修改的文字对象即可进行编辑修改，也可以通过【特性】对话框进行修改。

【例 5-1】 绘制如图 5-10 所示的标题栏。

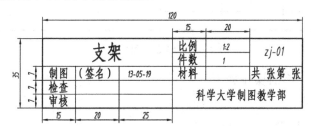

图 5-10 "HZ"文字样式的标题栏

作图步骤：

（1）按图 5-10 规定的尺寸，利用绘图与编辑命令绘制出标题栏图框，如图 5-11 所示。

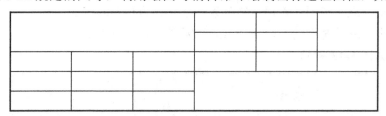

图 5-11 标题栏的图框

（2）选择【格式】→【文字样式】或【样式】工具栏中，在打开的文字样式对话框中创建如下文字样式：

HZ 样式：字体名"仿宋"，字体高 0，宽度比例 0.7；

GB 样式：字体名"gbetic.shx"，启用大字体"gbcbib.shx"，字体高 0，宽度比例 1。

（3）书写标题栏中的文字，文字样式为"HZ"，高度为 3.5，操作如下：

命令：_text

当前文字样式："HZ" 文字高度：2.5 注释性：否

指定文字的起点或［对正（J）/样式（S）］:（指定文字的起点）

指定高度 <2.5>: 3.5

指定文字的旋转角度 <0>:

在屏幕绘图区域的适当位置输入"制图"。

再用移动命令（move），将文字“制图”移动到框格的中间位置。

命令：_move

选择对象：找到 1 个（单击文字制图）

选择对象：

指定基点或 [位移（D）] <位移>:

指定第二个点或 <使用第一个点作为位移>:

绘制效果如图 5-12 所示。

<table>
<tr><td colspan="3" rowspan="2"></td><td></td><td></td><td rowspan="2"></td></tr>
<tr><td></td><td></td></tr>
<tr><td>制图</td><td></td><td></td><td></td><td></td><td></td></tr>
<tr><td></td><td></td><td></td><td colspan="3" rowspan="2"></td></tr>
<tr><td></td><td></td><td></td></tr>
</table>

图 5-12 标题栏内的文字

（4）复制与修改文字的操作如下：

命令：_copy

选择对象：找到 1 个

选择对象：

当前设置：复制模式 = 多个

指定基点或 [位移（D）/模式（O）] <位移>:

指定第二个点或 [阵列（A）] <使用第一个点作为位移>:

指定第二个点或 [阵列（A）/退出（E）/放弃（U）] <退出>:

绘制效果如图 5-13 所示。

<table>
<tr><td colspan="3" rowspan="2">制图</td><td>制图</td><td>制图</td><td rowspan="2">制图</td></tr>
<tr><td>制图</td><td>制图</td></tr>
<tr><td>制图</td><td>制图</td><td>制图</td><td>制图</td><td>制图</td><td>制图</td></tr>
<tr><td>制图</td><td>制图</td><td>制图</td><td colspan="3" rowspan="2">制图</td></tr>
<tr><td>制图</td><td>制图</td><td>制图</td></tr>
</table>

图 5-13 标题栏内文字的复制

分别双击需要修改的文字，使其发亮显示后，即可进行修改，如图 5-14 所示。

命令：_ddedit

选择注释对象或 [放弃（U）]:

<table>
<tr><td colspan="3" rowspan="2">支架</td><td>比例</td><td>1:1</td><td rowspan="2">zj-01</td></tr>
<tr><td>数量</td><td>1</td></tr>
<tr><td>制图</td><td>（签名）</td><td>14-02-19</td><td>标题</td><td></td><td>共 张第 张</td></tr>
<tr><td>检查</td><td></td><td></td><td colspan="3" rowspan="2">科学大学制图教学部</td></tr>
<tr><td>审核</td><td></td><td></td></tr>
</table>

图 5-14 标题栏内文字的修改

（5）利用特性选项板来修改文字的高度和样式。

单击【标准】工具栏中特性按钮，打开【特性】对话框后，进行如下操作：

① 单击文字"支架"后，在【特性】对话框中将文字高度改为 7，在绘图区域任意位置单击退出；

② 单击文字"14-02-19"、"1∶1"、"1"后，在【特性】对话框中将文字样式改为"GB"，在绘图区域任意位置单击退出；

③ 单击文字"zj-01"后，在【特性】对话框中将文字样式改为"GB"，文字高度改为 5，在绘图区域任意位置单击退出；

④ 单击文字"科技大学制图教学部"后，在【特性】对话框中将文字高度改为 5，在绘图区域任意位置单击退出；最终完成标题栏，如图 5-10 所示。

读者可将标题栏内的汉字字体也用"GB"样式书写，如图 5-15 所示。

支架			比例	1:1	zj-01
			数量	1	
制图	（签名）	14-02-19	标题	共　张第　张	
检查			科学大学制图教学部		
审核					

图 5-15　"GB"文字样式的标题栏

5.2　表格

表格是在行和列中包含数据的组合对象。使用 AutoCAD 提供的表格功能，可以快捷方便地创建表格。

用户通过插入表格（table）、编辑表格文字（tabledit）和表格样式（tablestyle）等命令来创建和编辑表格，不须要用单独图线绘制。以创建如图 5-16 所示的表格为例来说明。

4	螺杆	1	45
3	螺母	1	35
2	螺钉	1	35
1	底座	1	HT200
序号	名称	数量	材料	备注

图 5-16　表格示例

5.2.1　设置表格样式

与文字样式类似，AutoCAD 中的表格都有与之相对应的表格样式。

1）功能

该命令用于控制表格基本形状和间距的一组组合设置。

2）命令的输入

（1）命令行：tablestyle

（2）菜单：【格式】→【表格样式】

（3）工具栏：【样式】中

3）操作过程

执行命令后，打开【表格样式】对话框，如图5-17所示。单击【新建】按钮弹出【创建新的表格样式】对话框，新样式名为"bg1"如图5-18所示，单击【继续】按钮，系统弹出【新建表格样式：bg1】对话框，表格方向选为"向上"，常规中的对齐选为"正中"，文字样式选为"GB"样式，高度为"5"，其他默认，如图5-19所示，单击【确定】按钮后关闭对话框，设置完成。

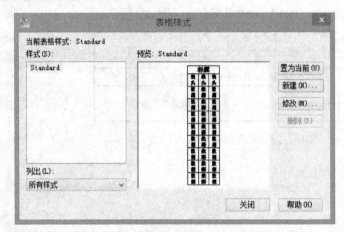

图5-17 【表格样式】对话框

图5-18 【创建新的表格样式】对话框

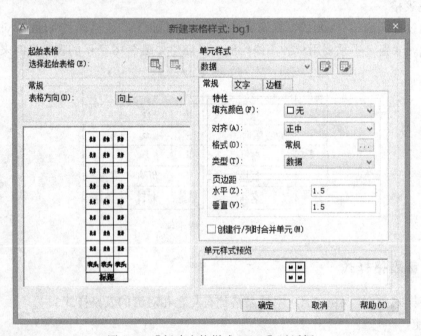

图5-19 【新建表格样式：bg1】对话框

5.2.2 创建表格

将设置好的表格"bg1"样式置为当前,用"table"命令创建表格。

1) 功能

该命令用于创建空的表格对象。

2) 命令的输入

(1) 命令行:table

(2) 菜单:【绘图】→【表格】

(3) 工具栏:【绘图】中⊞

3) 操作过程

执行命令后,系统打开【插入表格】对话框,如图 5-20 所示。插入方式选择指定插入点,设置列数 5、列宽 24 和数据行数 3,单击【确定】按钮后,在选定插入点处插入一个空白表格,并打开多行文字编辑器,用户可以输入相应的数据和文字,如图 5-21 所示。

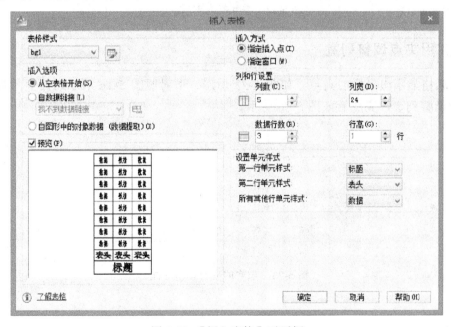

图 5-20 【插入表格】对话框

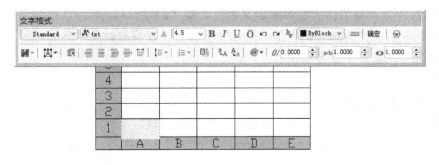

图 5-21 文字编辑器

5.2.3 编辑表格文字

1）命令的输入

命令行：tabledit

2）操作过程

执行命令后，双击单元格，系统打开文字编辑器，可以逐个对指定的单元格进行编辑，如图5-22所示。

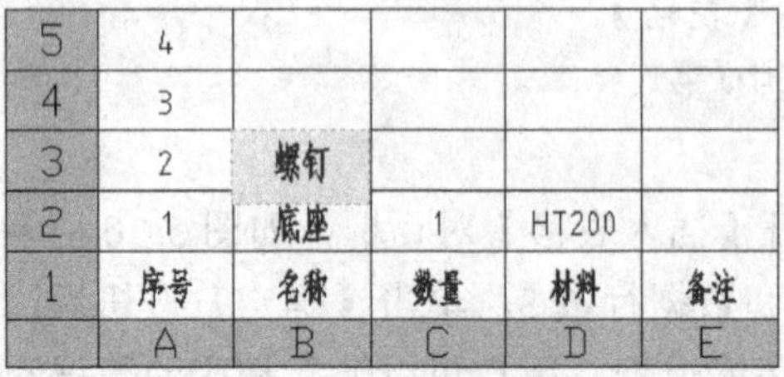

图5-22 单元格内编辑文字

5.2.4 利用夹点调整列宽

单击表格显示出表格的夹点，如图5-23所示，可对照图5-16所示的列宽，利用夹点编辑功能调整列宽，完成后如图5-16所示。

图5-23 表格的夹点编辑功能

5.3 块

AutoCAD中的块是指由一组对象定义为一个整体的复合体。通常作图时将一些常用的结构图形绘制好后，作为独立的内部或外部文件保存，在需要时可以随时调用并插入到当前的图形文件中，以减少重复绘图的工作。

使用块应注意以下问题：

（1）正确地为块命名并进行分类，以便调用和管理。

（2）正确地选择块的插入基点，以便插入时准确定位。

（3）可以把不同图层上不同线型和颜色的实体定义为一个块，在块中各个实体的图层、线型和颜色等特性保持不变。

（4）块可以嵌套。AutoCAD 对块嵌套的层数没有限制，可以多层调用。例如，可以将螺栓制作成块，还可以将螺栓连接制作成块，后者包含了前者。

5.3.1 内部块

1）功能

该命令用于将若干对象创建成内部块。

2）命令的输入

（1）命令行：block（B）

（2）菜单：【绘图】→【块】→【创建】（见图 5-24）。

（3）工具栏：【绘图】中

图 5-24 【块】的下拉菜单　　　图 5-25 表面结构代号

3）操作过程

以将如图 5-25 所示的表面结构代号创建为块为例，来说明块的创建方法与步骤。

（1）用编辑与修改命令，将表面结构符号按要求画好，其中字体高度为 3.5，符号总高为 9.8（3.5×2.8）。

（2）单击【绘图】→【块】→【定义属性】，系统弹出【属性定义】对话框，按图 5-26 所示进行【属性定义】对话框设置，单击【确定】按钮，光标出现"12.5"，放置在图 5-25 所示的"Ra"处，如图 5-27 所示。

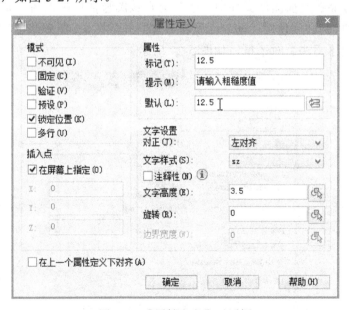

图 5-26 【属性定义】对话框

(3)执行命令 block（■），系统弹出【块定义】对话框如图 5-28 所示，名称为"ccd3.5"，基点用拾取按钮■选择三角形的最下点，单击对象拾取按钮■选择图 5-27 的全部作为对象，单击【确定】关闭对话框。即完成内部块"ccd3.5"的创建。

图 5-27　带属性的表面结构代号

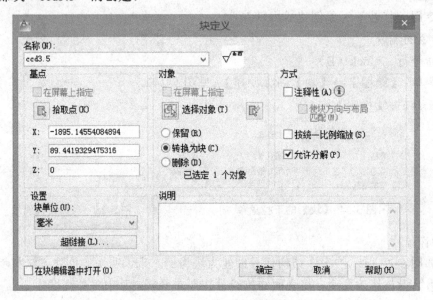

图 5-28　【块定义】对话框

5.3.2　写块（外部块）

内部图块仅存储在当前图形文件中，也只能在该图形文件中调用。如果要在其他文件中调用建立的图块，则必须使用"wblock"命令建立外部图块。在命令窗口输入"wblock"命令后，系统弹出【写块】对话框，如图 5-29 所示。

图 5-29　【写块】对话框

打开图 5-27 所示的表面结构图形文件,在"源"中选择"对象",也可以选"整个图形",或者是当前图形文件中已经存在的内部"块","基点"和"对象"与内部图块的建立一样。在"目标"中可以命名写块文件名和文件存储的路径,也可以单击按钮 在"浏览图形文件"对话框中命名和选择路径,如图 5-29 所示。单击【确定】按钮,即创建了外部块"ccd.dwg"。

【例 5-2】 将表面结构代号标注在图上,如图 5-30 所示。

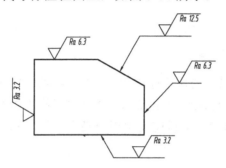

图 5-30 表面结构代号的标注

操作过程如下:

(1)输入命令:选择【插入】→【块】或【绘图】工具栏 ,系统弹出【插入】对话框,如图 5-31 所示,在"名称"栏单击【浏览】按钮打开"ccd.dwg"文件,单击【确定】按钮,先标注 Ra 12.5,如图 5-32(1)所示。

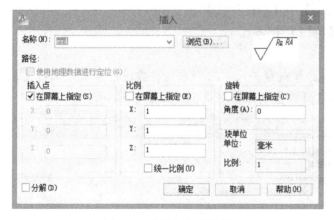

图 5-31 【插入】对话框

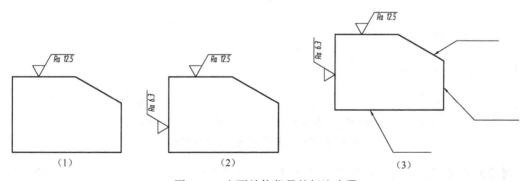

图 5-32 表面结构代号的标注步骤

(2) 按回车键，系统又弹出【插入】对话框，将插入角度设为 90°，标注 Ra 6.3 的代号，如图 5-32（2）所示。

(3) 用【标注】→【快速引线】（QLEADER）命令依次画三条出引线，如图 5-32（3）所示。

(4) 重复步骤（1）分别插入三个表面结构代号，最终完成标注，如图 5-31 所示。

5.4 尺寸标注

AutoCAD 提供了功能强大的尺寸标注命令，用户可以使用这些命令方便地标注图样中的各种尺寸。同时，在尺寸标注时 AutoCAD 会自动测量实体的大小，并在尺寸线上标出正确的尺寸数字。单位、精度和测量比例由用户确定。尺寸标注必须设置单独的图层、颜色和线型，以便于修改和输出打印。

5.4.1 设置尺寸样式

1．创建新的标注样式

1) 命令的输入

(1) 命令行：dimstyle

(2) 菜单：【格式】→【标注样式】

(3) 工具栏：【绘图】中

2) 操作过程

在标注尺寸前，必须对有关尺寸的一系列参数进行设置。执行【标注样式】命令后，AutoCAD 弹出【标注样式管理器】对话框，如图 5-33 所示。

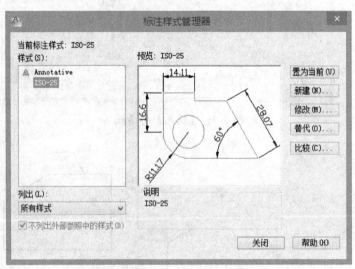

图 5-33 【标注样式管理器】对话框

对话框中【新建】、【修改】按钮用于设置、修改标注样式。尺寸标注样式有父本和子本，其中父本是针对全体尺寸类型的设置，子本是针对具体某一种尺寸类型的设置，例如，每一个尺寸标注形式，子本是由父本派生出来的。

单击【标注样式管理器】对话框的【新建】按钮，系统将打开如图 5-34 所示的【创建新标注样式】对话框。用户在"新样式名"栏内输入确定的名称"ZX"。基础样式中必须有一种样式，一般为 ISO 标准的"ISO-25"默认样式。新样式的使用对象可以在"用于"选项卡中确定。单击【继续】按钮，进行各种参数操作。

图 5-34 【创建新标注样式】对话框

2．新标注样式的设置

命名"ZX"新样式后，单击【继续】按钮，AutoCAD 弹出【新建标注样式：ZX】对话框，如图 5-35 所示。

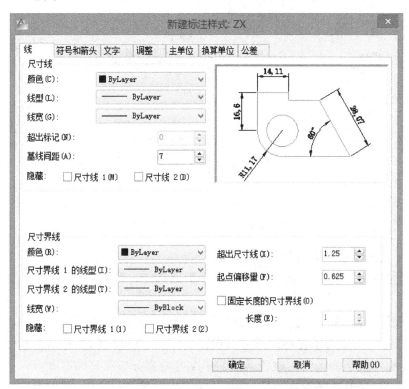

图 5-35 【新建标注样式：ZX】对话框

1）标注样式的【线】选项设置

"尺寸线"：其中"颜色"、"线型"和"线宽"设置为"随层"（ByLayer）即可，"基线间距"设置为"7"，控制平行尺寸线间的距离，应符合制图要求。

"尺寸界线"：其中"颜色"、"线型"和"线宽"设置为"随层（ByLayer）"，"超出尺寸线设置为"1.25"，但相对图形轮廓线的"起点偏移量"应设置为"0"。建筑样图应按国家标准规定设置为"2"。

注意：尺寸线和尺寸界线是否应隐藏，应视标注尺寸而定，通常在对称图形画一半或半剖视图中使用。

2）标注样式的【符号和箭头】选项设置

单击【符号和箭头】选项卡进行设置，在如图 5-36 所示的对话框中，选择"实心"箭头，大小设置为"3.5"。"圆心标记"选择"标记"，大小为"2.5"，"弧长符号"选择"标注文字的前缀"，而"半径标注弯折"的角度可以设置为"0"或"90"，其他根据情况而定。

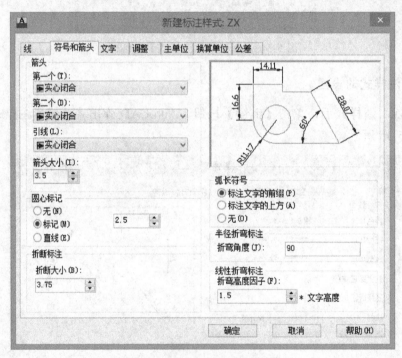

图 5-36 【符号和箭头】选项

3）标注样式的【文字】选项设置

单击【新建标注样式】对话框中的【文字】选项卡，按照如图 5-37 所示的文字参数进行设置。

"文字外观"：可以在建立的样式中选择，"颜色"设置为"随层"即可。"文字高度"可以设置为"3.5"，也可以在标注尺寸时确定。"分数高度比例"是指在绘图时，用于设置分数相对于标注文字的比例，该值乘以文字高度得到分数文字的高度。

"文字位置"：一般选择垂直"上"方，"水平"选择"居中"，"观察方向"为"从左到右"，所标注的文字距离尺寸线的距离可以默认为"0.625"。

"文字对齐":一般为选择"与尺寸线对齐"。标注角度尺寸时选择"水平"。

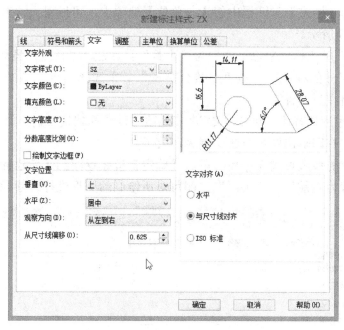

图 5-37 【文字】选项

4)标注样式的【调整】选项设置

单击【新建标注样式】对话框中的【调整】选项卡,在【调整】选项中,每一种选择对应一种尺寸布局方式,用户可以测试选择。对于"文字位置"、"标注特征比例"和"优化"栏中的选项可以先按图 5-38 所示进行设置,然后再视具体需要进行调整。读者应通过大量的练习来能掌握尺寸布局的各种方式。

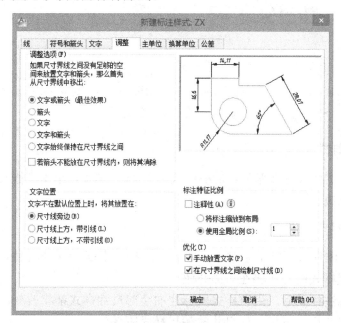

图 5-38 【调整】选项

5）标注样式的【主单位】选项设置

单击【新建标注样式】对话框中的【主单位】选项卡，可以对尺寸单位及精度参数进行设置，如图 5-39 所示。

"线性标注"一般选择"单位格式"为"小数"计数法，"精度"虽然设置为"0"，但并不影响带小数尺寸的标注。但是"小数分割符"必须选择句点"."。"前缀"和"后缀"暂不设置，将在后续说明。

"角度标注"也应选择"十进制度数"，其他项可以选择默认设置，如图 5-39 所示。至于"比例因子"与打印输出图形时的比例大小有关。

以上各选项中的参数设置完毕后，单击【确定】按钮返回到【新建标注样式】对话框的首页，单击"置为当前"并"关闭"，即可对所绘制的图形进行尺寸标注。

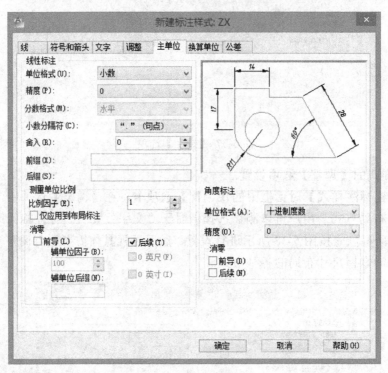

图 5-39 【主单位】选项

3．修改标注样式

在打开的【标注样式管理器】对话框中选中"ZX"样式，单击【修改】按钮可对该样式的各选项进行修改。

4．替代标注样式

在打开的【标注样式管理器】对话框中选中"ZX"样式，单击【替代】按钮可对该样式进行替代。替代样式的标注将在后续介绍。

注意：修改标注样式后，用该样式所标注的全部尺寸样式都将改变，而替代样式则是当替代样式设置修改后，再标注的尺寸被替代样式所替代。

5.4.2 尺寸的标注与修改

1. 尺寸的标注

AutoCAD 不仅提供了长度、弧度尺寸、半径和直径尺寸、角度尺寸等命令，还提供了与尺寸相关的其他命令。标注尺寸时，用户最好打开【标注】工具栏，如图 5-40 所示。

图 5-40 【标注】工具栏

1) 线型尺寸

（1）功能

该命令用于标注线性尺寸；可以标注水平、垂直方向尺寸。

（2）命令的输入

① 命令行：dimlinear

② 菜单：【标注】→【线性】

③ 工具栏：【标注】中

（3）操作过程

命令：_dimlinear

指定第一个尺寸界线原点或 <选择对象>:

指定第二条尺寸界线原点:

指定尺寸线位置或

[多行文字（M）/文字（T）/角度（A）/水平（H）/垂直（V）/旋转（R）]:

标注文字 = 50

重复上述命令，依次标注出尺寸"28"、"34"、"22"，如图 5-41 所示。

2) 对齐尺寸

（1）功能

该命令用于标注倾斜方向的线性尺寸。

（2）命令的输入

① 命令行：dimaligned

② 菜单：【标注】→【对齐】

③ 工具栏：【标注】中

（3）操作过程

命令：_dimaligned

指定第一个尺寸界线原点或 <选择对象>:

指定第二条尺寸界线原点:

创建了无关联的标注。

指定尺寸线位置或

[多行文字（M）/文字（T）/角度（A）]:

标注文字 =25

绘制结果为如图 5-41 所示的倾斜尺寸"25"。

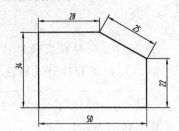

图 5-41 【线性】和【对齐】标注示例

3）基线尺寸

（1）功能

该命令用于标注具有共同基线的多个尺寸，第一个尺寸的第一条尺寸界线为共同基线的线性尺寸。

（2）命令的输入

① 命令行：dimbaseline

② 菜单：【标注】→【基线】

③ 工具栏：【标注】中

（3）操作过程

① 先用【线性】（　）命令标注尺寸"20"，如图 5-42 所示。

命令：_dimlinear

指定第一个尺寸界线原点或 <选择对象>：

指定第二条尺寸界线原点：

指定尺寸线位置或

[多行文字（M）/文字（T）/角度（A）/水平（H）/垂直（V）/旋转（R）]：

标注文字 =20

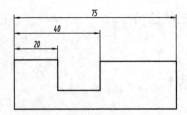

图 5-42 【基线】标注示例

② 再用【基线】（　）命令标注尺寸"40"、"75"，如图 5-42 所示。

命令：_dimbaseline

指定第二条尺寸界线原点或 [放弃（U）/选择（S）] <选择>：

标注文字 =40

指定第二条尺寸界线原点或 [放弃（U）/选择（S）] <选择>：

标注文字 =75

指定第二条尺寸界线原点或 [放弃（U）/选择（S）]<选择>:

选择基准标注：*取消*✓

（4）说明

基线标注适用于长度、角度尺寸等标注。在使用基线标注前应先标注一个相关尺寸，如"20"尺寸。

4）连续尺寸

（1）功能

该命令用于产生一系列的连续尺寸的标注，即尺寸链标注。后一个尺寸标注均把前一个标注的第二条尺寸界线作为第一条尺寸界线。

（2）命令的输入

① 命令行：Dimbaseline

② 菜单：【标注】→【连续】

③ 工具栏：【标注】中

（3）操作过程

① 先用【线性】命令标注尺寸"20"，如图 5-43 所示。

② 再用【连续】命令标注尺寸"40"、"75"，如图 5-43 所示。

命令：_dimcontinue

指定第二条尺寸界线原点或 [放弃（U）/选择（S）]<选择>:

标注文字 = 20

指定第二条尺寸界线原点或 [放弃（U）/选择（S）]<选择>:

标注文字 = 35

指定第二条尺寸界线原点或 [放弃（U）/选择（S）]<选择>:

选择连续标注：

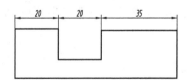

图 5-43 【连续】标注示例

（4）说明

连续标注适用于长度、角度尺寸等标注。在使用连续标注前应先标注一个相关尺寸，如"20"尺寸。

5）快速标注尺寸

（1）功能

该命令用于对几何图形界限快速标注连续、基线等线性尺寸。

（2）命令的输入

① 命令行：qdim

② 菜单：【标注】→【快速标注】

③ 工具栏:【标注】中 ▭

(3) 操作过程

以图 5-44 为例,同时标注图中的三个尺寸。

命令: _qdim

关联标注优先级 = 端点

选择要标注的几何图形: 找到 1 个（选择矩形）

选择要标注的几何图形: 找到 1 个（选择圆）,总计 2 个

选择要标注的几何图形: 找到 1 个（选择圆）,总计 3 个

选择要标注的几何图形:

指定尺寸线位置或 [连续（C）/并列（S）/基线（B）/坐标（O）/半径（R）/直径（D）/基准点（P）/编辑（E）/设置（T）] <基线>: B

指定尺寸线位置或 [连续（C）/并列（S）/基线（B）/坐标（O）/半径（R）/直径（D）/基准点（P）/编辑（E）/设置（T）] <基线>: P

选择新的基准点:（选择图形的左上角点）

指定尺寸线位置或 [连续（C）/并列（S）/基线（B）/坐标（O）/半径（R）/直径（D）/基准点（P）/编辑（E）/设置（T）] <基线>:

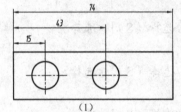 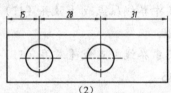

图 5-44 【快速标注】示例

上述操作中如在命令提示选项中选择【连续】,则可标注成图 5-44（2）所示的连续线性尺寸。

6）半径尺寸

(1) 功能

该命令用于标注圆或圆弧的半径尺寸。

(2) 命令的输入

① 命令行: dimradius

② 菜单:【标注】→【半径】

③ 工具栏:【标注】中 ◎

(3) 操作过程

命令: _dimradius

选择圆弧或圆:（选择半圆）

标注文字 = 25

指定尺寸线位置或 [多行文字（M）/文字（T）/角度（A）]:

半径 R25 标注如图 5-45 所示。

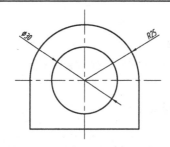

图 5-45 【半径】和【直径】尺寸标注示例

7）直径尺寸

（1）功能

该命令用于在圆或大于半圆的圆弧上标注直径尺寸。

（2）命令的输入

① 命令行：dimdiameter

② 菜单：【标注】→【直径】

③ 工具栏：【标注】中◎

（3）操作过程

命令：_dimdiameter

选择圆弧或圆：（选择圆）

标注文字 = 30

指定尺寸线位置或 [多行文字（M）/文字（T）/角度（A）]：

直径 ϕ30 标注如图 5-45 所示。

8）标注圆心标记

（1）功能

该命令用于在圆或圆弧上标注出圆心标记。

（2）命令的输入

① 命令行：dimcenter

② 菜单：【标注】→【圆心标记】

③ 工具栏：【标注】中⊙

（3）操作过程

标出图 5-46（1）中圆和圆弧的圆心标记。

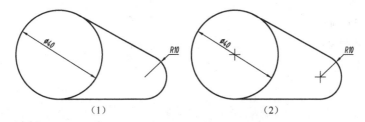

图 5-46 【圆心标记】标注示例

① 标出直径 ϕ40 的圆心标记，如图 5-46（2）所示。

命令：_dimcenter
选择圆弧或圆：（选择 φ40 圆）
② 标出圆弧 R10 的圆心标记，如图 5-46（2）所示。
命令：_dimcenter
选择圆弧或圆：（选择 R10 圆弧）
（4）说明
使用该命令前，在【标注样式】设置时，必须选择"圆心标记"，标记的大小要合适。
9）角度尺寸
（1）功能
该命令用于给选定的对象或三个点的直径标注角度。
（2）命令的输入
① 命令行：dimdiameter
② 菜单：【标注】→【角度】
③ 工具栏：【标注】中 △
（3）操作过程
按规定设置角度尺寸样式：打开【标注样式管理器】对话框，将前面设置的"ZX"样式置为当前，单击【替代】按钮，系统弹出【替代当前样式：ZX】对话框，如图 5-47 所示，在【文字】选项中将"文字对齐"方式改为"水平"后，关闭对话框即可标注见图 5-48 所示的角度尺寸"60°"。

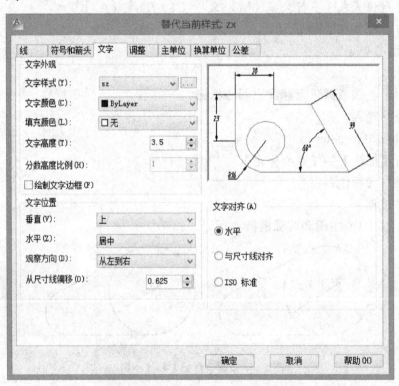

图 5-47 【替代当前样式：ZX】对话框

命令：_dimangular
选择圆弧、圆、直线或 <指定顶点>:
选择第二条直线：
指定标注弧线位置或 [多行文字（M）/文字（T）/角度（A）/象限点（Q）]：
标注文字 = 60

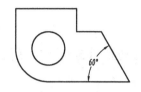

图 5-48 【角度】标注示例

2．尺寸修改

1）编辑标注

（1）功能

该命令用于旋转、修改或恢复标注文字；更改尺寸界线的倾斜角度；移动文字和尺寸线。

（2）命令的输入

① 命令行：dimedit

② 工具栏：【标注】中

（3）操作过程

将图 5-49（1）所示尺寸改为图 5-49（2）所示。

方法①：

命令：_dimedit

输入标注编辑类型 [默认（H）/新建（N）/旋转（R）/倾斜（O）] <默认>：N↙

系统弹出【文字格式】编辑器，将其中数字 49 改为 50，单击【确定】按钮关闭编辑器，光标变为拾取框后继续操作。

选择对象：找到 1 个（选择尺寸 49）

选择对象：

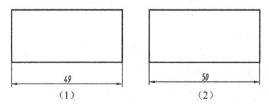

图 5-49 标注尺寸的文字修改

方法②：

直接双击尺寸"49"，系统随即打开【文字格式】编辑器，将"49"改为"50"即可。

2）编辑标注的文字

（1）功能

该命令用于移动和旋转标注的文字，重新定位尺寸线。

（2）命令的输入

① 命令行：dimtedit

② 工具栏：【标注】中

（3）操作过程

将图5-50（1）所示尺寸数值移动到图5-50（2）所示位置。

命令：_dimtedit

选择标注：

为标注文字指定新位置或 [左对齐（L）/右对齐（R）/居中（C）/默认（H）/角度（A）]；R

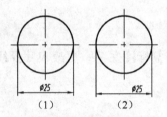

图5-50　编辑标注的文字位置

【例5-3】按照图5-51所示标注图中的尺寸，每一尺寸的样式与图中一致。

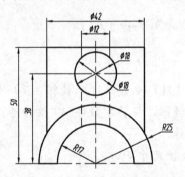

图5-51　尺寸标注示例

标注步骤：

（1）按本节"ZX"标注样式设置好，并置为当前。

（2）用线性命令标注尺寸"50"、"38"。

（3）用线性命令标注尺寸"ø50"、"ø38"。

命令：_dimlinear

指定第一个尺寸界线原点或 <选择对象>：

指定第二条尺寸界线原点：

创建了无关联的标注。

指定尺寸线位置或

[多行文字（M）/文字（T）/角度（A）/水平（H）/垂直（V）/旋转（R）]：T

输入标注文字 <42>：%%C42

指定尺寸线位置或

[多行文字（M）/文字（T）/角度（A）/水平（H）/垂直（V）/旋转（R）]：

标注文字 = 42

重复上述命令标出"ϕ38"。

（4）用直径命令 和半径命令 分别标注尺寸"ϕ18"、"R17"。

单击标注样式命令 ，打开【标注样式管理器】对话框，如图 5-46 所示，将"ZX"样式置为当前，单击【替代】按钮，系统弹出【替代当前样式:ZX】对话框，如图 5-47 所示，在【文字】选项中将"文字对齐"方式改为"ISO 标准"；在【调整】选项中，将"调整选项"改为"文字"后，关闭对话框即可进行标注。

命令：_dimdiameter

选择圆弧或圆：（选择 ϕ18 圆）

标注文字 = 18

指定尺寸线位置或 [多行文字（M）/文字（T）/角度（A）]：

重复上述命令标出"R17"。

（5）用半径命令 标注尺寸"R25"。

单击标注样式命令 ，打开【标注样式管理器】对话框，选中替代样式后，单击【修改】按钮，系统弹出【替代当前样式】对话框，在【文字】选项中将"文字对齐"方式改为"水平"；在【调整】选项中，将"调整选项"改为"文字或箭头（最佳效果）"后，关闭对话框即可进行标注，最终绘制结果如图 5-51 所示。

思考与练习题

5.1　绘制练习题图 5-1 并书写文字。

练习题图 5-1　文字练习

5.2　根据图例字体书写下列文字（见练习题图 5-2～5-3）。

（1）字体为"仿宋"，字高为"5"。

技术要求
1. 未注圆角R2
2. 不加工外表面涂蓝色油漆.

练习题图 5-2　书写单行文字

（2）字体为"gbetic.shx"，大字体为"gbcbig.shx"，字高为"7"。

技术要求：

1.尺寸$\phi 60H7(^{+0.030}_{0})$的孔表面硬度HRC30-35

2.未注倒角1X45°

练习题图 5-3　书写多行文字

5.3　创建图示的表格（见练习题图 5-4～5-5）。
（1）齿轮参数表：

齿数	Z	19
模数	m	2
压力角	α	20°

练习题图 5-4　创建齿轮参数表格

（2）装配图中的明细栏：

7	油杯B12		1	GB/T1154
6	下轴瓦	ZQSn6-6-3	1	
5	上轴瓦	ZQSn6-6-3	1	
4	螺栓M8X90	Q235	2	GB/T8
3	螺母M8	Q235	4	GB/T41
2	轴承盖	HT150	1	
1	轴承座	HT150	1	
序号	名称	材料	数量	备注

练习题图 5-5　创建明细栏表格

5.4　创建外部（写）图块（尺寸自定）。
（1）将下列符号创建成外部块（见练习题图 5-6）：

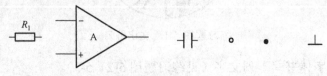

练习题图 5-6　块

（2）用块插入画出下列电路图（见练习题图 5-7～5-9）：

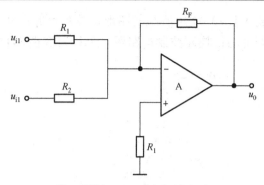

练习题图 5-7 反向加法电路

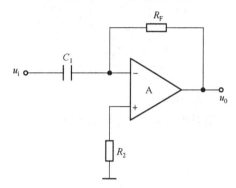

练习题图 5-8 微分运算电路

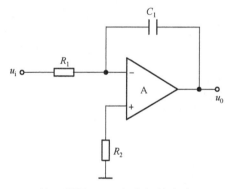

练习题图 5-9 积分运算电路

5.5 绘制下图并标注尺寸（见练习题图 5-10）。

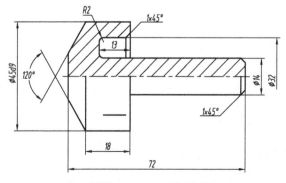

练习题图 5-10 尺寸标注练习

5.6 将第 3 章练习题 3-1～3-44 中所绘的图形，按图示的尺寸样式标注出尺寸。

5.7 利用块插入绘制电动机控制控制电路图（见练习题图 5-11）。

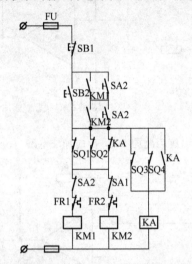

练习题图 5-11　电动机控制电路图

第 6 章 工程图形的绘制

工程图形中的二维图样包括平面图形、三视图、轴测图、机械样图（零件图和装配图）、电气样图等。这些图形在绘制时不论实物的大小，均按 1∶1 绘制，用打印机出图时再根据图纸的大小进行缩放。绘制时尺寸由用户自己确定。用户在学习计算机绘图时必须已熟练掌握本专业工程制图的相关知识，同时须要进行大量的上机操作练习，只有在此基础上才能掌握 AutoCAD 绘图技巧，最终达到快速准确绘制各种工程样图的目的。

6.1 平面图形的绘制

用 AutoCAD 绘制平面图形时，要根据图形中的尺寸选择所需要的图形界限，并根据图形中的线型、尺寸、文字和其他内容决定要设置的图层数目和线型种类。与手工绘图一样，首先应对平面图形进行尺寸和线段分析，确定已知线段、中间线段和连接线段，特别是中间线段的确定将直接影响作图的速度和准确。先绘制定位线，然后依次绘制已知线段、中间线段和连接线段。下面是托架（见图 6-1）的作图步骤。

1．创建文件和绘图环境设置

单击【文件】菜单中【新建】命令，创建新文件命名为"托架"，并保存在自己的文件夹中。

2．辅助绘图工具设置

启用极轴、对象捕捉和对象追踪，极轴角设置为"30°"。

3．设置图形界限

单击【格式】菜单中的【图形界限】命令，根据 A4 横装图纸幅面大小，在命令行内输入左下角为"（0，0）"，右上角为"（297，210）"，然后执行【zoom（缩放）】命令，选择全部阅览"All"显示。

4．设置图层及线型、线宽

从【图层】工具条打开【图层特性管理器】对话框，设置以下图层及线型：
粗实线层：设置为黑色、实线（continuous），线宽设置为 0.4 毫米；
中心线层：设置为红色、点画线（center），线宽设置为 0.2 毫米；
细实线层：设置为品红色、实线（continuous），线宽设置为 0.2 毫米；
文字与标注层：设置为蓝色，线型为实线（continuous），宽度设置为 0.2 毫米。

5．分析图形

根据图形中的尺寸分析得知，已知线段有 $\phi20$、$\phi40$、11、48、R24 和 60° 的切线；中间线段是 R28；连接线段是 R16 和 R96。

6. 画图

托架的画图步骤如下：

（1）画定位线、中心线：根据定位尺寸 144、34 画出定位线和中心线，如图 6-2（1）所示。

（2）画已知线段：已知线段有 φ20、φ40、11、48、R24 和 60°的切线，如图 6-2（2）所示。

注意：其中 60°切线的画法是，利用极轴追踪先由圆心画出与其垂直的半径线，找到切点后，再画出切线。

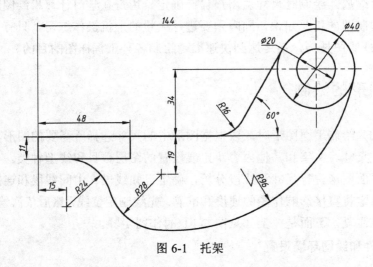

图 6-1　托架

（3）画中间线段：先确定中间线段 R28 的圆心，利用偏移命令画出与 48 直线向下距离为 19 的平行线，再以 R24 圆为圆心以 R52（R24+R28）为半径画圆，与平行线的交点为 R28 的圆心，这时可以画出 R28 的中间线段，如图 6-2（3）所示。

（4）画 R96 连接线段：选中【绘图】下拉菜单中【圆】→【相切、相切、半径】，注意切点位置应尽量与实际位置最接近，如图 6-2（4）所示。

（5）画 R16 连接线段：用【圆角】命令画出 R16 圆弧，注意，用【圆角】命令画圆弧连接时只能画外切圆弧，如图 6-2（4）所示。

（6）修剪整理：用【修剪】命令剪去多余的图线，并整理图形，完成图形绘制，如图 6-1 所示。

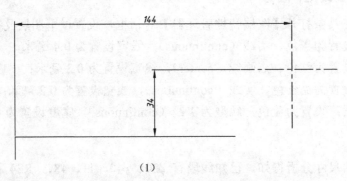

（1）

图 6-2　图 6-1 所示托架的作图步骤

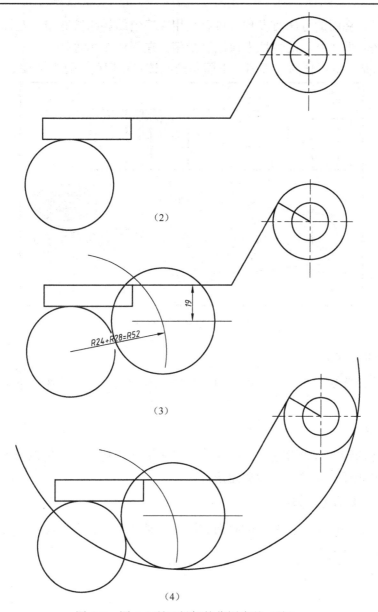

图 6-2 图 6-1 所示托架的作图步骤（续）

6.2 三视图的绘制

绘制组合体三视图是绘制零件图的基础。用 AutoCAD 可以快速而准确地画出组合体的三视图。对于简单组合体可以直接在屏幕上绘制，对于结构较为复杂的组合体，应先画出草图，测绘并标注完尺寸才可以在计算机上绘图，以保证作图效率。

绘制三视图时，应保证"主、俯视图长对正，主、左视图高平齐，俯、左视图宽相等"的投影特性，这须要频繁使用 AutoCAD 状态栏中的极轴、对象捕捉、对象追踪及对象捕捉特殊点的设置等辅助绘图工具。

计算机绘制三视图的方法有多种：可以利用 45°辅助斜线绘制俯、左视图，以保证宽相等；或者利用辅助"圆"的特性来保证度量俯、左视图宽相等。

图 6-3 所示是一组合体的三视图。下面是绘制该三视图的方法和步骤。

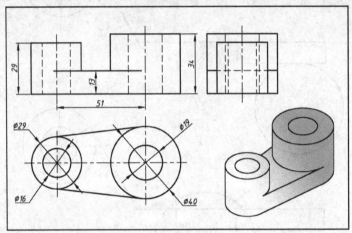

图 6-3　组合体三视图

1．绘图环境的设置

绘图环境的设置基本与 6.1 节中平面图形的设置相同，不再赘述。也可以调用设置好的样板文件。

2．视图分析

根据组合体的特征可以看出，主视图、左视图为非圆视图，而俯视图为圆视图；主视图不对称，而左视图、俯视图是对称图形。

3．画三个视图的定位线

用直线命令分别画出主视图中的底面和圆管的轴线，俯视图中圆的中心线和左视图中的轴线、底面，如图 6-4（1）所示。

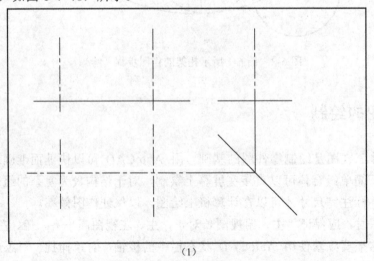

图 6-4　图 6-3 所示的组合体三视图的作图步骤

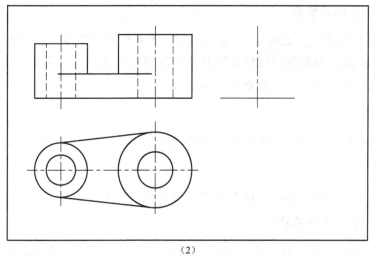

(2)

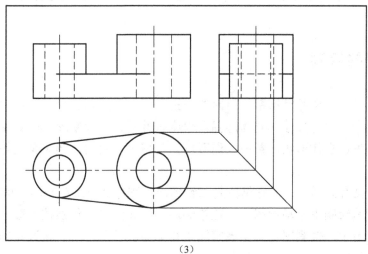

(3)

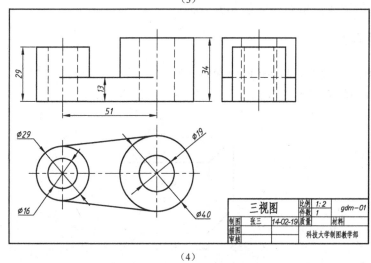

(4)

图 6-4　图 6-3 所示的组合体三视图的作图步骤（续）

4. 画图主视图和俯视图

先画俯视图中的四个圆 $\phi20$、$\phi36$、$\phi50$、$\phi24$，再利用对象捕捉中的切点，画两条切线，如图 6-4（2）。注意，为避免捕捉切点时其他特殊点的干涉，可以将其他点的对象捕捉清除，只选择切点，切线画好后，再恢复原来设置。

5. 画左视图

利用 45° 斜线来保证画左视图时与俯视图的宽相等，如图 6-4（3）所示。

6. 整理

整理多余图线，并用【移动】命令调整视图之间的位置。

7. 标注尺寸并插入标题栏

设置好标注样式，依次标注出尺寸。再用块插入命令，插入已经画好的标题栏，如图 6-4（4）所示。

6.3 轴测图的绘制

轴测图是将形体及参考坐标系一起向单一投影面投影所到的投影图，它能同时反映物体长、宽、高三个方向的尺寸，立体感强，但度量性差，作图繁琐，因此在工程中常用来作为辅助样图来表达立体形状，帮助人们看图。工程中常用的轴测图有正等轴测图和斜二轴测图。

轴测图虽然具有立体感，但它仍然是二维图形。利用 AutoCAD 中的等轴测捕捉功能，就可以方便快捷地绘制正等轴测图，但在绘制斜二轴测图时，仍然按一般二维图形的方法绘制。在绘图学习中，轴测图也是拓展空间构思能力的手段之一。通过画轴测图，可以帮助人们想象物体的形状，培养空间想象能力。

6.3.1 斜二轴测图

斜二轴测图中三个轴测轴的夹角分别为∠XOZ=90°，∠XOY=135°，∠YOZ=135°，X、Y、Z 三个方向的变形系数分别为 1，0.5，1，如图 6-5 所示。

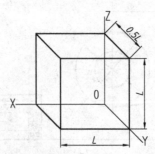

图 6-5 斜二轴测图的轴测轴与轴向伸缩系数

根据形体的视图及尺寸，如图 6-6 所示，画出其斜二轴测图，作图步骤如下：

(1) 设置图层、文字样式等，并启用极轴、对象捕捉、对象追踪，极轴角设置为"45°"。

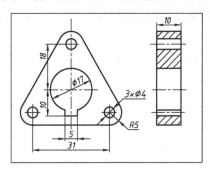

图 6-6 形体的视图

(2) 用【直线】、【圆】、【圆角】和【修剪】等命令，画出形体前面的形状，如图 6-7 (1) 所示。

(3) 用【复制】命令，复制形体前面，沿 Y 方向，从前面圆心位置向后移动 5 到后面的圆心位置，如图 6-7 (2) 所示。

(4) 用【直线】命令，连接形体前后两面的对应点，注意，在连接两切线时，在【对象捕捉】设置中只选中"切点"选项，其余都不选。如图 6-7 (3) 所示。

(5) 利用【修剪】、【删除】命令修改整理图形，完成图形绘制，如图 6-7 (4) 所示。

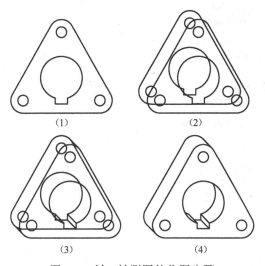

图 6-7 斜二轴测图的作图步骤

6.3.2 正等轴测图

正等轴测图中三个轴测轴的夹角均为 120°，X、Y、Z 三个方向的伸缩系数均为 1，如图 6-8 所示。

正等轴测图也能同时反映出形体三个面，分别为上面、左面、右面，但在这三个面上的圆变为三个不同方向的椭圆，如图 6-9 所示。

正等轴测模式的设置如下：打开【草图设置】对话框，将【捕捉和格栅】选项卡中"捕捉类型"选为"等轴测捕捉",如图 6-10 所示,单击【确定】按钮关闭对话框。十字光标变为非十字光标,按 F5 功能键分别可以切换轴测图的上面、左面、右面,光标也随之变化,如图 6-11 所示。

在正等轴测图中三个面上书写文字并标注尺寸设置,如图 6-12 所示。

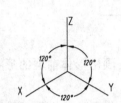

图 6-8　正等轴测图的轴测轴　　　　图 6-9　正等轴测图中三个面上的椭圆

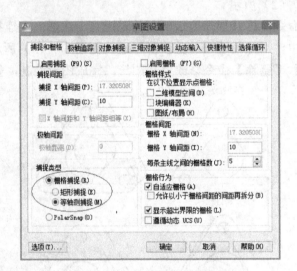

图 6-10　正等轴测模式的设置

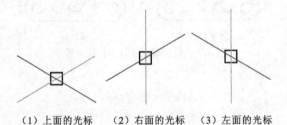

(1) 上面的光标　　(2) 右面的光标　　(3) 左面的光标

图 6-11　正等轴测模式的光标

根据图 6-13 所示,画出支座的正等轴测图并标注尺寸,其作图步骤如下:
(1) 设置图层、文字样式、尺寸样式等。
① 创建三个图层,分别画粗实线、细实线、文字和标注。

② 创建两种文字样式：

a）样式名"SZ30"。文字倾斜角度为"30°"，文字字体为"gbenor.shx"。如果文字字体用"gbeitc.shx"，则文字倾斜角度则为"15°"。

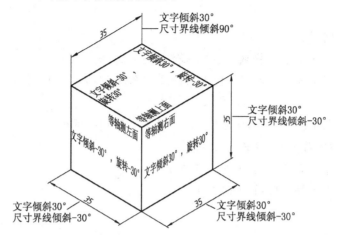

图 6-12　文字样式与标注样式的设置

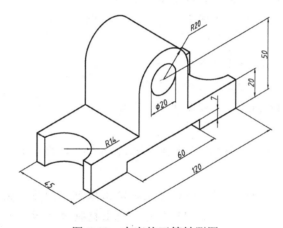

图 6-13　支座的正等轴测图

b）样式名"SZ-30"。文字倾斜角度为"-30°"，文字字体为"gbenor.shx"。如果文字字体用"gbeitc.shx"，则文字倾斜角度则为"-45°"。

③ 创建标注样式。命名为"ZX"，文字样式选为"SZ30"，其余设置与一般线性尺寸设置相同。

④ 将【草图设置】对话框的【捕捉和栅格】选项中的"捕捉类型"选为"等轴测捕捉"。

⑤ 在状态栏中，启用【极轴】、【对象捕捉】、【对象追踪】功能，并将极轴角设置为"30°"。

（2）画底板的直线轮廓。按 F5 功能键将光标切换到等轴测上面，操作过程如下：

命令：_line 指定第一点：（任点 1 点）

指定下一点或 [放弃（U）]：120（2 点光标给出极轴方向后，输入距离 120）

指定下一点或 [放弃（U）]：45（3 点光标给出极轴方向后，输入距离 120）

指定下一点或 [闭合（C）/放弃（U）]：120（4 点光标给出极轴方向后，输入距离 120）

指定下一点或 [闭合 (C) /放弃 (U)]: c
命令: _copy
选择对象: 指定对角点: 找到 4 个
选择对象:
当前设置: 复制模式 = 多个
指定基点或 [位移 (D) /模式 (O)] <位移>: (选择 1 点)
指定第二个点或 [阵列 (A)] <使用第一个点作为位移>: 20 (5 点光标给出极轴方向后, 输入距离 20)
指定第二个点或 [阵列 (A) /退出 (E) /放弃 (U)] <退出>:
命令: _line 指定第一点: (选择 1 点)
指定下一点或 [放弃 (U)]: (选择 5 点)
指定下一点或 [放弃 (U)]: (回车)
命令:
LINE 指定第一点: (选择 2 点)
指定下一点或 [放弃 (U)]: (选择 6 点)
指定下一点或 [放弃 (U)]: (回车)
命令:
LINE 指定第一点: (选择 4 点)
指定下一点或 [放弃 (U)]: (选择 5 点)
指定下一点或 [放弃 (U)]: (回车)
命令:
LINE 指定第一点: 30 (光标放在 1 点上出现端点捕捉标记后, 光标给出 30°极轴路径后, 输入 30)
指定下一点或 [放弃 (U)]: 7 (10 点光标给出极轴方向后, 输入距离 20)
指定下一点或 [放弃 (U)]: 60 (11 点光标给出极轴方向后, 输入距离 20)
指定下一点或 [闭合 (C) /放弃 (U)]: (12 点光标向下给出 90°极轴路径后, 捕捉与 12 直线的交点)
指定下一点或 [闭合 (C) /放弃 (U)]:
绘制结果如图 6-14 所示。

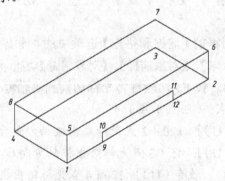

图 6-14 画底板的轮廓

(3)画底板上部的直线轮廓。用【直线】命令画出,如图 6-15 所示。

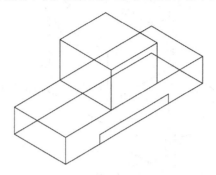

图 6-15　画底板上部的轮廓

(4)修剪整理直线轮廓。用【修剪】命令修剪去除多余线,再用【直线】命令补画出修剪后看见的线。如图 6-16 所示。

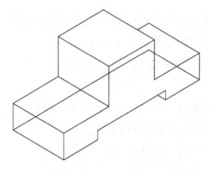

图 6-16　修剪底板的轮廓

(5)画底板上的圆弧,操作过程如下:
命令:　_ellipse
指定椭圆轴的端点或 [圆弧(A)/中心点(C)/等轴测圆(I)]: i
指定等轴测圆的圆心:(捕捉 58 直线的中点)
指定等轴测圆的半径或 [直径(D)]: 14

重复上述命令分别在直线 14、23、67 的中点画出椭圆,如图 6-17 所示,修剪去除多余线,再补画出看见的高度线,如图 6-18 所示。

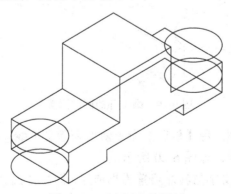

图 6-17　画底板上的圆弧

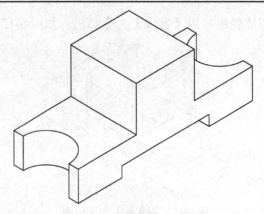

图 6-18 修剪底板上的圆弧

（6）画上部的圆和圆弧。按 F5 功能键将光标切换到等轴测右面，操作过程如下：
命令：_ellipse
指定椭圆轴的端点或 [圆弧（A）/中心点（C）/等轴测圆（I）]：i
指定等轴测圆的圆心：（捕捉前面直线的中点）
指定等轴测圆的半径或 [直径（D）]：20（回车）
命令：_ellipse
指定椭圆轴的端点或 [圆弧（A）/中心点（C）/等轴测圆（I）]：i
指定等轴测圆的圆心：（捕捉前面直线的中点）
指定等轴测圆的半径或 [直径（D）]：10

重复上述命令分别在后面直线的中点画出两个椭圆。再启用【对象捕捉】中的【象限点】命令画出切线，如图 6-19 所示。

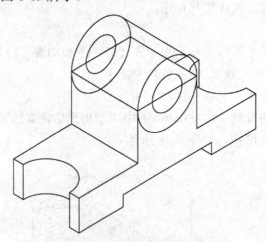

图 6-19 画上部的圆和圆弧

（7）修剪整理椭圆轮廓。用【修剪】命令修剪去除多余线，再用【删除】命令删除看不见的线，完成图形的绘制，如图 6-20 所示。

（8）标注线性尺寸。将文字与标注层置为当前层，标注样式"ZX30"置为当前，用【对齐】标注命令分别标注出线性尺寸，如图 6-21 所示。

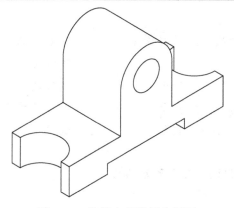

图 6-20　修剪上部的圆和圆弧

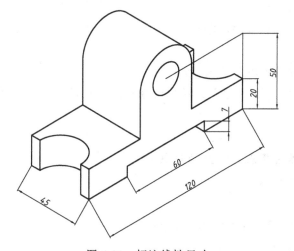

图 6-21　标注线性尺寸

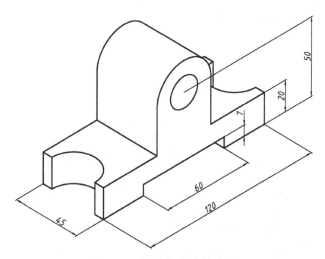

图 6-22　调整修改线性尺寸

（9）调整修改线性尺寸。由于图中尺寸方向与图形不协调，须要用【编辑标注】命令将尺寸进行倾斜调整，倾斜角度分别为 30°或–30°，如图 6-22 所示。操作过程如下：

命令：_dimedit
输入标注编辑类型 [默认（H）/新建（N）/旋转（R）/倾斜（O）] <默认>: o
选择对象: 找到 1 个　　　　　　　　　　（选择尺寸 45）
选择对象: 找到 1 个，总计 2 个　　　　 （选择尺寸 7）
选择对象: 找到 1 个，总计 3 个　　　　 （选择尺寸 20）
选择对象: 找到 1 个，总计 4 个　　　　 （选择尺寸 50）
选择对象:
输入倾斜角度（按 ENTER 表示无）: 30✓
命令：_dimedit
输入标注编辑类型 [默认（H）/新建（N）/旋转（R）/倾斜（O）] <默认>: o
选择对象: 找到 1 个　　　　　　　　　　（选择尺寸 60）
选择对象: 找到 1 个，总计 2 个　　　　 （选择尺寸 120）
选择对象:
输入倾斜角度（按 ENTER 表示无）: -30✓

（10）标注直径尺寸。用【对齐】标注命令标注出直径尺寸，如图 6-23 所示。操作过程如下：

命令：_dimaligned
指定第一个尺寸界线原点或 <选择对象>:
指定第二条尺寸界线原点:
指定尺寸线位置或
[多行文字（M）/文字（T）/角度（A）]: t
输入标注文字 <20>: %%c20
指定尺寸线位置或
[多行文字（M）/文字（T）/角度（A）]:
标注文字 = 20

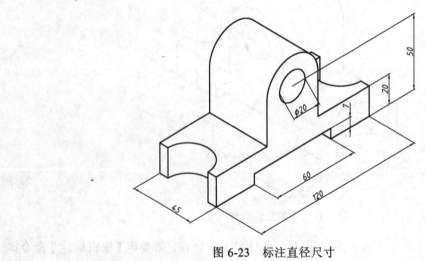

图 6-23　标注直径尺寸

(11) 调整直径尺寸。用【编辑标注】命令 对直径尺寸进行倾斜调整，倾斜角度为 90°，如图 6-24 所示。操作过程如下：

命令：_dimedit

输入标注编辑类型 [默认（H）/新建（N）/旋转（R）/倾斜（O）] <默认>：o

选择对象：找到 1 个

选择对象：

输入倾斜角度（按 ENTER 表示无）：90↙

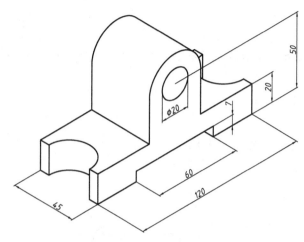

图 6-24 调整直径尺寸

(12) 标注半径尺寸。先用多重引线命令画尺寸线，用【对齐】标注命令标注出直径尺寸。操作过程如下：

单击【格式】→【多重引线样式】，打开对话框【多重引线样式管理器】，单击【修改】按钮，弹出【修改多重引线样式】对话框，如图 6-25 所示，在【引线结构】选项中将最大引线点数设置为 4，单击【确定】按钮关闭对话框。

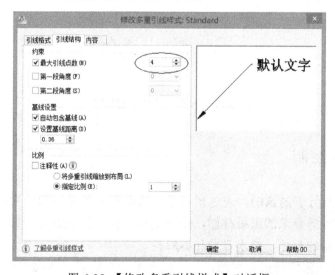

图 6-25 【修改多重引线样式】对话框

单击【标注】→【多重引线】，操作过程如下：

命令：_mleader

指定引线箭头的位置或[引线基线优先（L）/内容优先（C）/选项（O）]<选项>：（给定点1）

指定下一点：（给定点2）

指定下一点：（给定点3）

指定引线基线的位置：（给定点4）

单击确定（回车）

命令：_mleader

指定引线箭头的位置或[引线基线优先（L）/内容优先（C）/选项（O）]<选项>：（给定点5）

指定下一点：（给定点6）

指定下一点：（给定点7）

指定引线基线的位置：（给定点8）

单击确定（回车）

结果如图6-26所示。

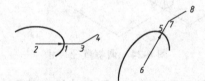

图6-26 用多重引线画尺寸线

(13) 书写文字"R14"、"R20"。

用样式名"SZ-30"，text命令来书写文字"R14"、"R20"，如图6-27所示。最后完成尺寸标注，如图6-13所示。

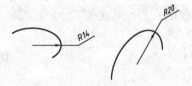

图6-27 书写半径尺寸的数字

6.4 零件图的绘制

零件图是反映设计者的意图，表达出机器（或部件）对零件的结构形状、尺寸大小、质量、材料及热处理等要求的机械样图，是制造和检验零件的重要依据。一张零件图应包括：一组视图，全部的尺寸，技术要求和标题栏。

图6-28所示是一张螺杆的零件图，下面以此为例来说明用AutoCAD绘制零件图的方法与步骤。

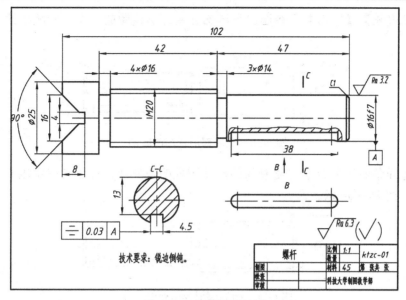

图 6-28　螺杆的零件图

1．绘图环境的设置

绘图环境的设置与基本平面图形设置相同，不再赘述。也可以调用设置好的样板文件。

2．图形分析

螺杆的零件图中有三个图形，主视图、断面图和局部视图。主视图上、下基本对称，键槽处采用了局部剖，断面图和局部视图都对称。

3．画主视图

（1）在中心线层上用【直线】命令画出主视图的定位线，如图 6-29（1）所示。

（2）在粗实线层上用【直线】命令绘制主视图上半部分轮毂，用【倒角】命令画 C1（1×45°）倒角。

（3）在细实线层上画出 M20 螺纹的小径线，注意，小径按 0.85×20=17 画出，如图 6-29（2）所示。

（4）用【镜像】命令 镜像出下半部分，如图 6-29（3）所示。

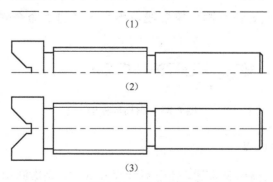

图 6-29　画主视图

（5）用【直线】、【圆弧】命令画出下半部分局部剖视图的截交线和相贯线，如图 6-30 所示。

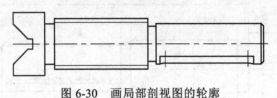

图 6-30 画局部剖视图的轮廓

（6）用【样条曲线】命令 绘制局部剖视图处的边界线，再用【图案填充】命令 填充剖面线，如图 6-31 所示。

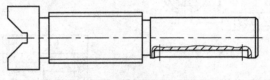

图 6-31 画局部剖视图处的边界

4．画断面图

（1）在中心线层上画出定位线，如图 6-32（1）所示。

（2）用【圆】、【直线】命令画出断面图的轮廓线，再用【修剪】命令修剪去除键槽处的圆弧，如图 6-32（2）所示。

（3）用【图案填充】命令 填充剖面线，注意与主视图中应一致，如图 6-32（3）所示。

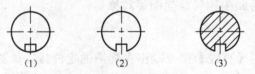

图 6-32 断面图的作图步骤

5．画局部视图

（1）在中心线层上画出定位线，注意，定位线位置应与主视图之间保持投影关系，如图 6-33（1）所示。

（2）用【圆】、【直线】命令画出轮廓线，再用【修剪】命令修剪去除多余的圆弧，如图 6-33（2）所示。

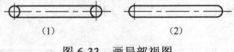

图 6-33 画局部视图

6．调整视图之间的位置

将三个图形之间的距离调整合适，便于后续尺寸标注，完成断面图和局部视图的标记，如图 6-34 所示。

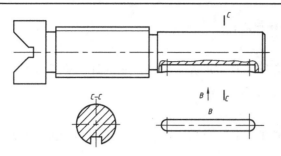

图 6-34 调整视图间的位置

7．标注尺寸

将设置好的线性尺寸标注样式置为当前。

（1）标注线性尺寸，用【线性】尺寸命令分别标注无前后缀的线性尺寸。

（2）标注倒角 C1。将极轴角设置成 45°，用【直线】命令画出引线，再用【单行文字】TEXT 命令书写 C1。

（3）标注有前后缀的尺寸。

ϕ25 尺寸的标注如下：

命令：_dimlinear

指定第一个尺寸界线原点或 <选择对象>：

指定第二条尺寸界线原点：

指定尺寸线位置或

[多行文字（M）/文字（T）/角度（A）/水平（H）/垂直（V）/旋转（R）]：t

输入标注文字 <25>：%%c25

指定尺寸线位置或

[多行文字（M）/文字（T）/角度（A）/水平（H）/垂直（V）/旋转（R）]：

标注文字 = 25

ϕ16f7 尺寸的标注如下：

命令：_dimlinear

指定第一个尺寸界线原点或 <选择对象>：

指定第二条尺寸界线原点：

指定尺寸线位置或

[多行文字（M）/文字（T）/角度（A）/水平（H）/垂直（V）/旋转（R）]：t

输入标注文字 <16>：%%c16f7

指定尺寸线位置或

[多行文字（M）/文字（T）/角度（A）/水平（H）/垂直（V）/旋转（R）]：

标注文字 = 16

4×ϕ16、4×ϕ14 尺寸的标注方法相同，其中 4×ϕ16 标注过程如下：

命令：_dimlinear

指定第一个尺寸界线原点或 <选择对象>：

指定第二条尺寸界线原点：
指定尺寸线位置或
[多行文字（M）/文字（T）/角度（A）/水平（H）/垂直（V）/旋转（R）]: t
输入标注文字 <4>: 4*%%C16
指定尺寸线位置或
[多行文字（M）/文字（T）/角度（A）/水平（H）/垂直（V）/旋转（R）]:
标注文字 = 4
绘制结果如图 6-35 所示。

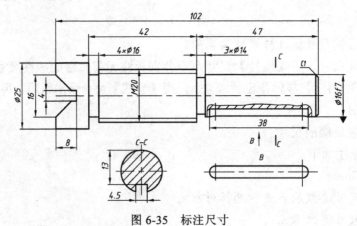

图 6-35　标注尺寸

8．标注几何公差技术要求

（1）基准符号标注。根据国标的要求，在指定位置画出基准符号，如图 6-36 所示；或提前将基准符号画好，并设置成外部块（wblock），再用块插入到标注的位置，如图 6-37 所示。

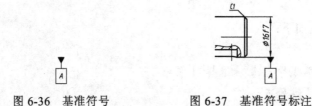

图 6-36　基准符号　　　　图 6-37　基准符号标注

（2）标注对称度公差要求"⌯ 0.03 A"：单击【标注】工具条中【公差】命令，弹出【形位公差】对话框见（图 6-38），点击"符号"在弹出的【特征符号】对话框中选择"⌯"，如图 6-39 所示，返回【形位公差】对话框，公差"1"为"0.03"，"基准 1"为"A"，单击【确定】按钮，光标出现对称度符号，将其放置在合适的标注位置即可，如图 6-40 所示。

9．标注表面结构技术要求

根据国标的要求，由第 5 章中块的内容，将设置成外部块的表面结构代号用块插入即可，如图 6-28 所示。

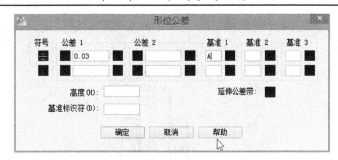

图 6-38 【形位公差】对话框

图 6-39 【特征符号】对话框

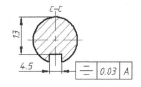

图 6-40 标注对称度公差

10．书写技术要求

用文字命令【单行文字】或【多行文字】，在合适位置书写"技术要求：锐边倒钝。"如图 6-28 所示。

11．画出图框，插入标题栏

在粗实线层上，画出图框；再用块插入，插入设置成外部块的标题栏，最后对图形相对图框的位置进行适当调整，显示【线宽】后，将整个图形全屏显示，如图 6-28 所示，保存后关闭即可。

特别注意，在作图过程中要随时存盘，以免出现意外，造成损失。

6.5 装配图的绘制

装配图是用来表达机器或部件的结构形状、装配关系、工作原理和技术要求的图样，装配图是设计、制造、使用、维修和技术交流的重要技术文件。

工程师在工作中有两种情况须要画装配图，一是在设计产品时，先绘制装配图，然后再根据装配图设计来绘制零件图，此情况初学者可对照装配图，直接进行抄画练习，尺寸按图中 1∶1 量取；二是在仿制生产过程中，将样机中的零件拆卸，根据每个零件先绘制零件草图，然后再根据装配关系绘制装配图。本节主要介绍第二种情况下装配图的画法。

以可调支承为例，其装配示意图如图 6-41 所示，4 个零件草图如图 6-42 和图 6-43 所示，装配图的绘制步骤如下。

1．了解可调支承的工作原理

螺钉右端的圆柱部分插到螺杆的长槽内，使得螺杆只能沿轴向移动而不能转动。在螺母、螺杆和被支承物体的重力作用下，螺母的底面与底座的顶面保持接触。顺时针转动螺母时,螺杆向上移动;逆时针转动螺母时,螺杆向下移动。通过旋转螺母即可调整支承的高度。

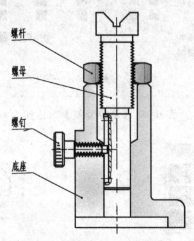

图 6-41 可调支承的装配示意图

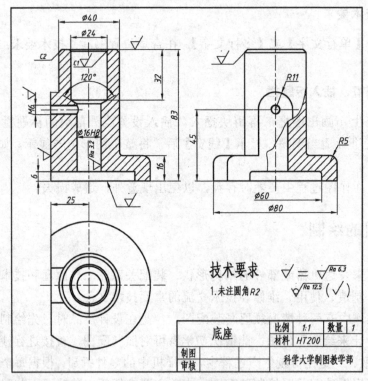

图 6-42 底座零件草图

2. 确定视图表达方案

根据可调支承的结构特点,确定装配示意图位置作为主视图,采用全剖视图来表达内部结构,然后配合主视图再用左视图来单独表达底座的外部形状即可。

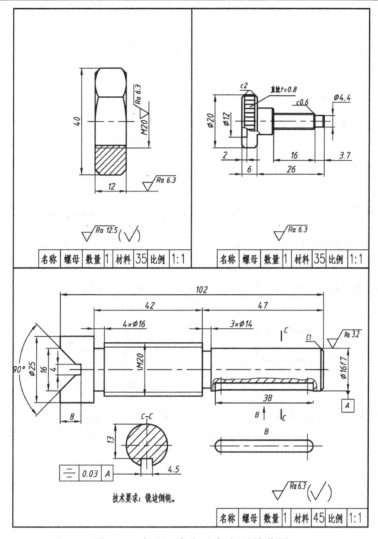

图 6-43 螺母、螺钉和螺杆零件草图

3．将零件视图创建成块

根据零件草图绘制可调支承的 4 个零件在装配图中的视图，并将每个视图创建成块，如图 6-44～图 6-48 所示。

4．绘制装配图

本例采用 A4 纸，绘图比例 1∶1。

（1）绘制装配图的图框和标题栏，也可用块插入提前绘制的图框和标题栏。

（2）绘制装配图主视图和左视图的定位线，如图 6-49 所示。

（3）依次用块插入底座、螺杆、螺母和螺钉的主视图，再插入底座的左视图，如图 6-50 所示。

（4）用【分解】命令将插入的块分解，再用【修剪】、【图案填充】等命令将视图修改为图 6-51 所示。

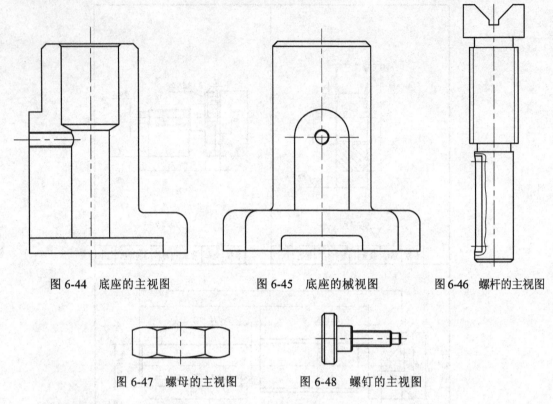

图 6-44 底座的主视图　　图 6-45 底座的俯视图　　图 6-46 螺杆的主视图

图 6-47 螺母的主视图　　图 6-48 螺钉的主视图

（5）设置标注样式并标注尺寸，书写技术要求，如图 6-52 所示。

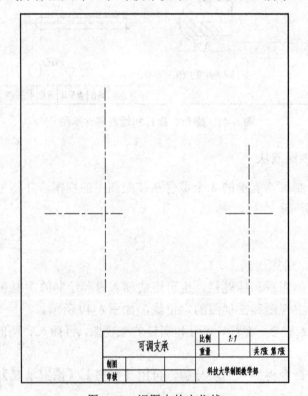

图 6-49 视图中的定位线

第 6 章 工程图形的绘制

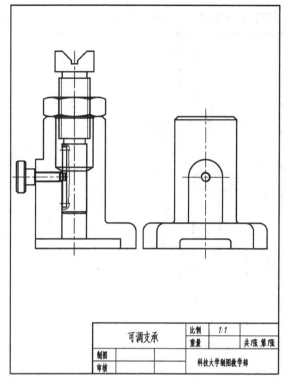

图 6-50 块插入

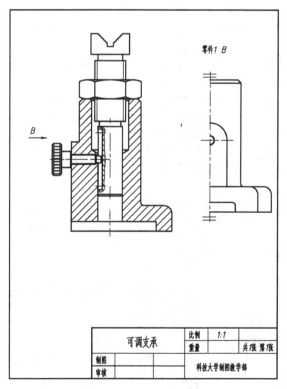

图 6-51 分解修剪多余的线和填充剖面线

（6）设置引线样式，标注零件序号，并绘制填写明细栏，完成装配图绘制，如图 6-53 所示。

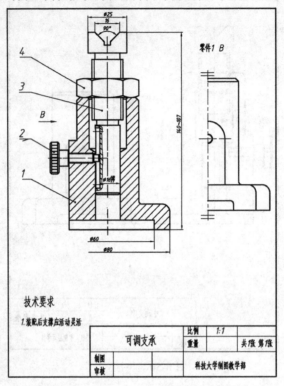

图 6-52　标注尺寸、书写技术要求

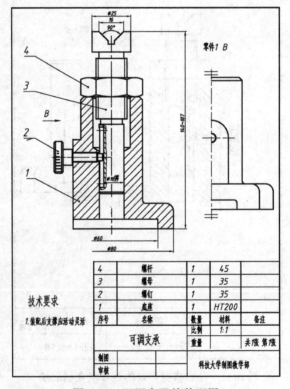

图 6-53　可调支承的装配图

思考与练习题

6.1 绘制零件的轮廓图形,见练习题图 6-1~6-12。

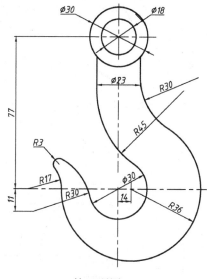

练习题图 6-1

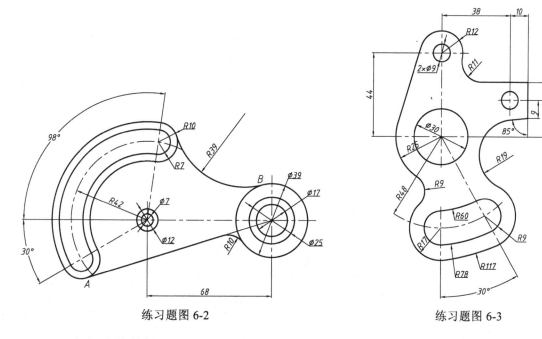

练习题图 6-2　　　　　　练习题图 6-3

6.2 根据立体的轴测图,绘制三视图,见练习题图 6-13~6-23。
6.3 绘制立体轴测图,见练习题图 6-13~6-23。
6.4 绘制零件图,见练习题图 6-24~6-28。

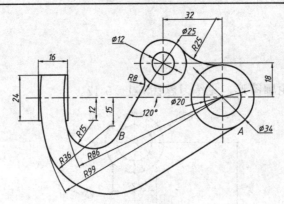

练习题图 6-4

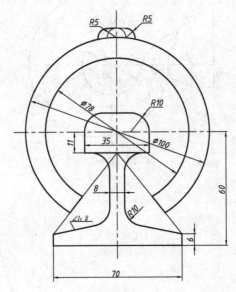

练习题图 6-5

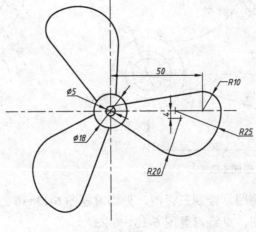

练习题图 6-6

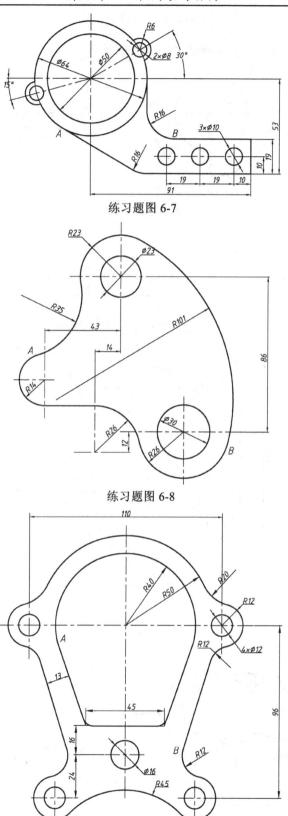

练习题图 6-7

练习题图 6-8

练习题图 6-9

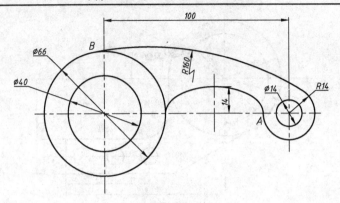

练习题图 6-10

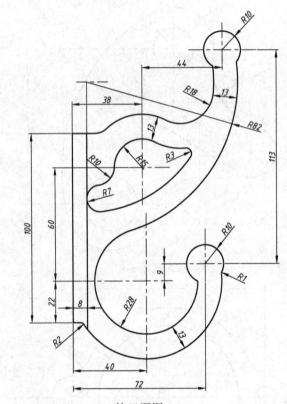

练习题图 6-11

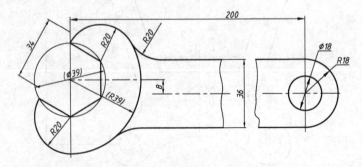

练习题图 6-12

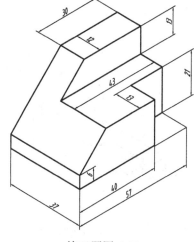

练习题图 6-13

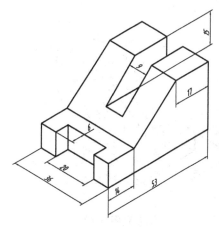

练习题图 6-14

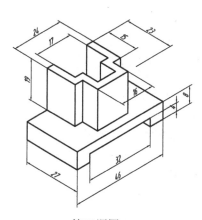

练习题图 6-15

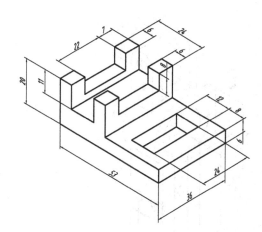

练习题图 6-16

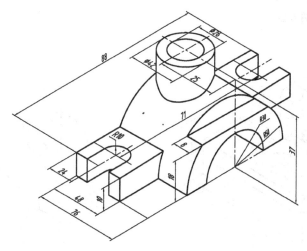

练习题图 6-17

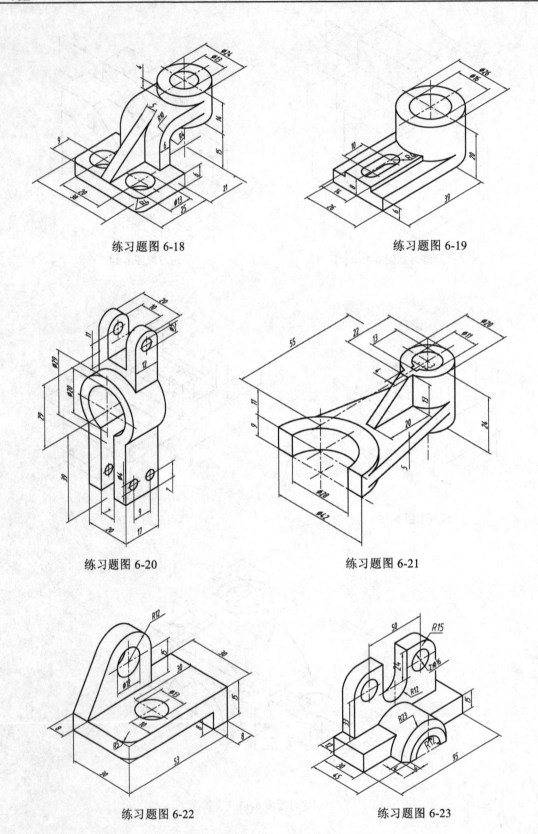

练习题图 6-18

练习题图 6-19

练习题图 6-20

练习题图 6-21

练习题图 6-22

练习题图 6-23

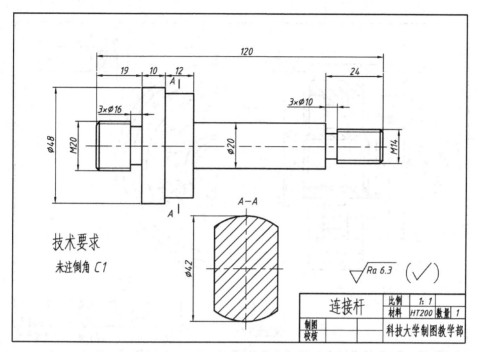

练习题图 6-24

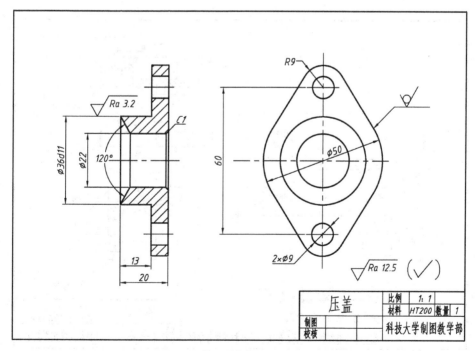

练习题图 6-25

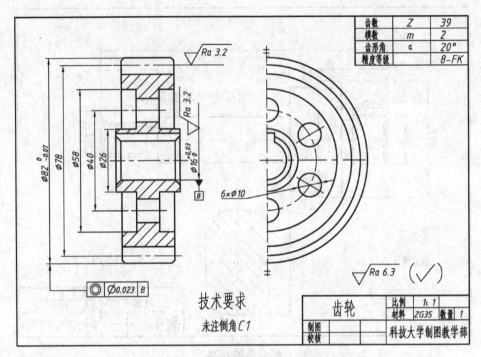

练习题图 6-27

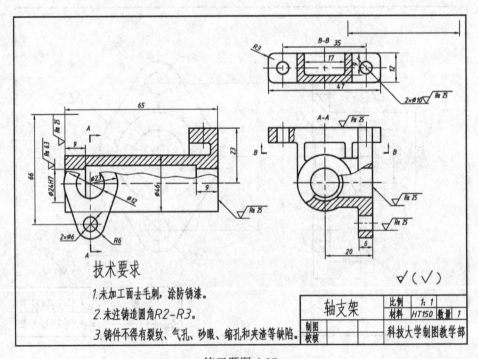

练习题图 6-27

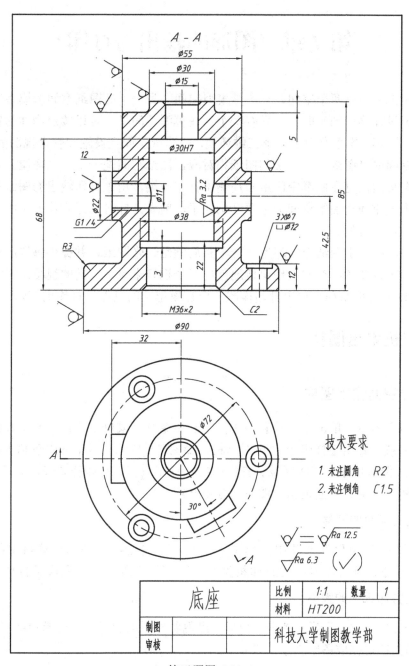

练习题图 6-28

第 7 章　图形的输出与打印

在 AutoCAD 中有两个空间，一个是模型空间，另一个是图纸空间。模型空间是真实空间，是用于设计绘图的空间，它只有一个。在模型空间里，可以按照物体的实际尺寸绘制二维或三维图形。模型空间是一个三维环境。而图纸空间是设置和管理视图的 AutoCAD 环境。图纸空间的"图纸"与真实的图纸相对应，图纸空间是一个二维环境。通常在模型空间创建好图形后，再在图纸空间用布局输出打印样图，用来打印输出的图纸空间布局可以有多个。模型空间和图纸空间的主要区别在于，前者是针对图形实体的空间，而后者则是针对图纸布局而言的。

所谓布局，相当于图纸空间环境。一个布局就是一张图纸，并提供预置的打印页面设置。利用布局可以在图纸空间方便快捷地创建多个视口来显示不同的视图。

AutoCAD 通常用布局来输出打印样图，但在模型空间只能直接输出打印二维图样。

7.1　打印机输出图样

7.1.1　模型空间输出图样

在打开的样图中，单击【文件】→【打印】命令时，或单击【标准】工具栏中的打印按钮 时，系统会弹出【打印-模型】对话框，如图 7-1 所示。对话框中包括页面设置、打印机/绘图仪、图纸尺寸、打印区域、打印比例、打印偏移、打印样式表、着色视口选项、打印选项、图形方向。下面根据绘图习惯分别介绍。

1. 确定打印机的型号

在"打印机/绘图仪"选项中，单击下拉框，出现已经安装到计算机中的各种型号打印机，选择与计算机连接好的打印机型号，如图 7-2 所示，即完成了打印机的选定。

2. 确定打印纸张的大小

在"图纸尺寸（Z）"项，单击下拉框，出现各种图纸的尺寸，选择图纸，如选择 ISO A4 图纸打印，即可完成图纸大小的设置。

3. 确定打印图形的范围

在"打印区域"项中，单击"打印范围"下拉框，有"窗口"、"图形界限"、"显示"三个选项。常用的为"窗口"选项，单击"窗口"选项，这时弹出打印区域，用选择的方式单击打印区域的左上角，拖动鼠标移至打印区域的右下角，单击后窗口弹回打印区域，打印区域选择完成。

第 7 章 图形的输出与打印

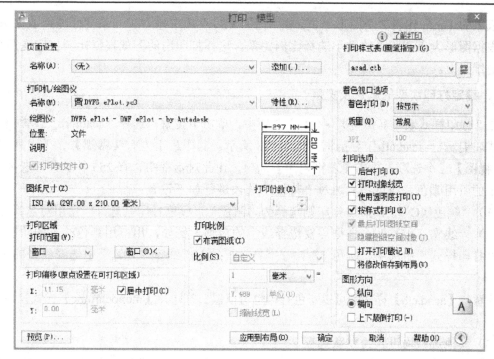

图 7-1 【打印-模型】对话框

4．确定打印图形中心位置

图形在图纸上的打印位置由"打印偏移（原点设置在可打印区域）"确定。分别输入 X、Y 的坐标值，图形根据输入的值的大小移动。勾选"居中打印"选项，则计算机根据打印的方向、比例在所选图纸中心打印。

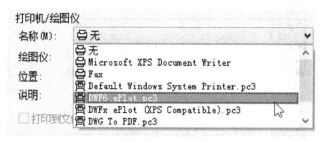

图 7-2 【打印机/绘图仪】下拉列表

5．确定打印份数

在"打印份数（B）"项中，选择需要打印图纸的份数或者直接用键盘输入份数，即完成了打印份数的设置。如选择的是系统的虚拟打印机，则不可选择份数。

6．确定打印图形的比例

在"打印比例"项中，设置出图比例。勾选"布满图纸（I）"项，此时，AutoCAD 将缩放图形以充满选定的图纸。这时，打印出的图形就布满了用户选择的纸张。绘制一般按 1∶1 比例绘图，出图阶段须依据图纸尺寸确定打印比例。打印比例设定为 1∶2 时，表示图纸上的 1 mm 代表 2 个图形单位。在"比例（S）"项中包含了一系列标准缩放比例值。用户根据图形大小和图纸的大小选择比例关系。这样打印出的图就根据比例打印在用户所选择的纸张上。

7. 确定打印线型的颜色及宽度

在"打印样式表（笔指定）（G）"选项中，单击下拉框，选择"acad.ctb"。弹出"打印样式表编辑器-acad.ctb"对话框，如图 7-3 所示。其中最上方有【常规】、【表视图】、【表格视图】三个选项，单击【表格视图】选项，在此对话框中，有 255 种颜色，选择打印图样中的所用颜色，即可在右边对"特性"选项进行如下设置：

（1）"颜色（C）"：黑白打印则选择为"黑色"，彩色打印则选择"使用对象颜色"。

（2）"线宽（W）"：根据需要选择线型的粗细。例如，用户用黑色绘制的轮廓线，则在"打印样式"中选中"颜色7"，在"特性"项的"线宽（W）"中选择线型的粗细，如"0.4"。

注意，【acad.ctb】样式既可以彩色打印也可以黑白打印，【monochrome】样式只能黑白打印。

（3）其他选项均设置为默认选项。

根据以上选择方法，打印图中的所有线形，根据粗细分别进行了设置。 其他选项选择默认选项，单击【保存并关闭】按钮，这时【acad.ctb】打印样式已设置完成。窗口又回到【打印-模型】打印对话框。

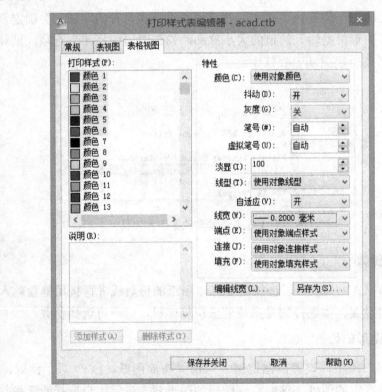

图 7-3 【打印样式表编辑器】对话框

8. 确定打印图形方向

图形在图纸上的打印方向通过"图形方向"区域中的选项进行调整。"图形方向"包含以下三个选项:"纵向"表示图形与图纸的长度方向是垂直的;"横向"表示图形与图纸的长度方向是水平的;选择"上下颠倒打印",可使图形颠倒打印,此项可与"纵向"或"横向"结合使用,用户可根据实际情况选用。

9. 预览打印的效果

在确定打印图形的范围后,用单击【打印-模型】对话框左下角的【预览】按钮(见图 7-1),系统显示用户所选纸张大小与用户所选图形之间的关系,用户即可预览,如图 7-4 所示,滚动鼠标滑轮可以放大或缩小预览图样。如正确,按"Esc"键,或单击鼠标右键,出现【编辑】对话框;选择"退出"选项,系统回到【打印-模型】对话框,按【确定】按钮后,打印机开始打印图纸。如不正确,则可重新设置修改。

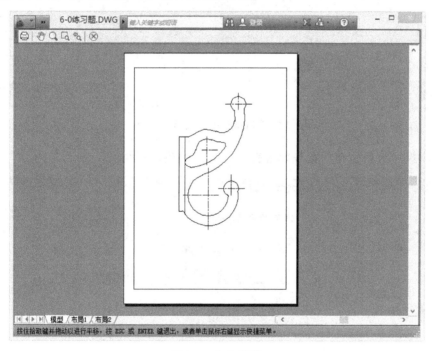

图 7-4 打印预览

注意:在模型空间出图虽然可以将页面设置保存起来,但是和图纸并无关联,每次打印均须进行各项参数的设置或者调用页面设置,仅适用于二维图形。

7.1.2 布局空间输出图样

1. 创建布局

1)使用【布局向导】命令创建一个新布局

(1)命令输入

① 命令行:layoutwizard

② 菜单：【插入】→【布局】→【创建布局向导】
（2）创建过程
输入命令后弹出【创建布局-开始】对话框，如图 7-5 所示，分别进行设置。

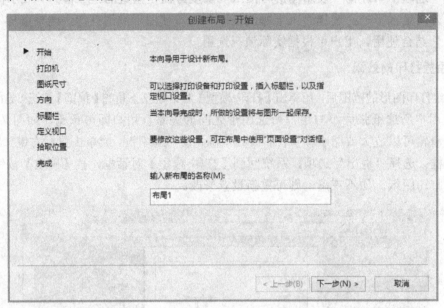

图 7-5 【创建布局-开始】对话框

① 打印机：为新建布局选择配置打印机，如图 7-6 所示。

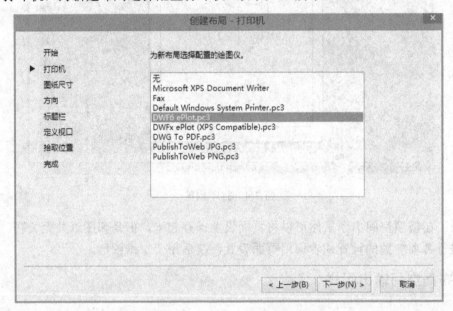

图 7-6 【创建布局-打印机】

② 图纸尺寸：选择布局使用的图纸尺寸和图形单位，可用图纸的尺寸由所选定的打印设备决定，如图 7-7 所示。
③ 方向：选择图形在图纸上的方向，纵向或横向。

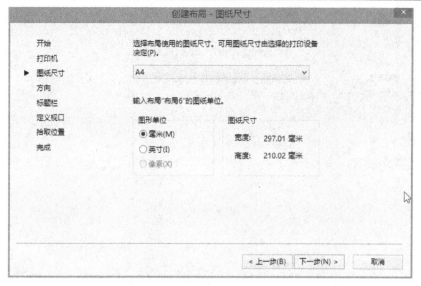

图 7-7 【创建布局-图纸尺寸】对话框

④ 标题栏：选择用于此布局的标题栏，可用块插入。

⑤ 定义视口：向布局中设置视口的数量和比例，如图 7-8 所示。

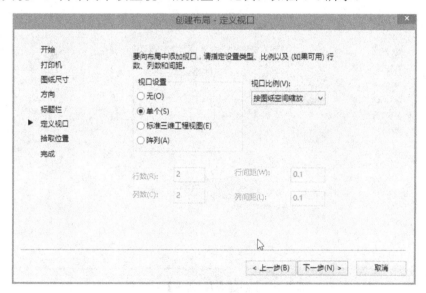

图 7-8 【创建布局-定义视口】对话框

⑥ 拾取位置：在图形中指定视口的位置，如果单击【下一步】按钮，将视口布满整张图纸，如图 7-9 所示。

设置完成后单击【完成】按钮，如图 7-10 所示，完成创建新布局（布局1）。

2）使用【来自样板的布局】命令（layout）插入基于现有布局样板的新布局

（1）命令输入

① 命令行：layout

② 菜单：【插入】→【布局】→【来自样板的布局】

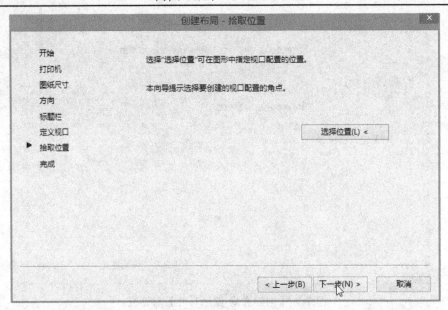

图 7-9 【创建布局-拾取位置】对话框

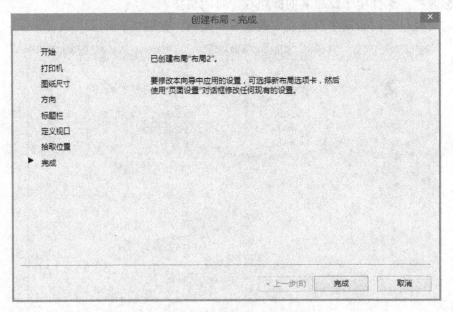

图 7-10 【创建布局-完成】对话框

（2）创建过程

输入命令后弹出【从文件选择样板】对话框，如图 7-11 所示，选择一种样板文件即可。

3）通过【布局】选项卡，创建一个新布局

单击【布局】选项卡（见图 7-12），系统弹出【页面设置管理器】对话框，如图 7-13 所示；单击【新建】按钮后弹出【新建页面设置】对话框，如图 7-14 所示，命名为"设置 1"；单击【确定】按钮，弹出【页面设置：布局 1】对话框，分别对"打印机/绘图仪"、"图纸尺寸"、"打印区域"、"打印偏移"、"打印比例"、"打印样式表"、"图形方向"等进行设置，设置方法与模型空间打印相同。

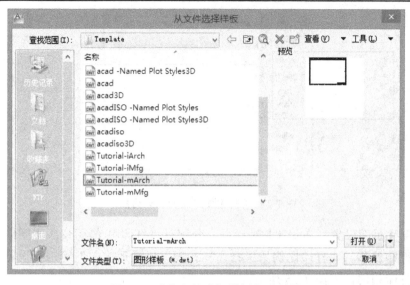

图 7-11 【从文件选择样板】对话框

以在 A4 图纸中横向出图进行设置,步骤如下。

(1) 在打开的图形文件中,新创建图层"sk",目的是为了隐藏视口时用,并将该图层作为当前层。

(2) 单击图形文件左下角【布局1】选项卡,如图 7-12 所示。切换到布局,同时系统自动弹出【页面设置管理器】对话框,如图 7-13 所示。单击【新建】按钮后弹出【新建页面设置】对话框,如图 7-14 所示,命名为"设置 1"。单击【确定】按钮,弹出【页面设置:布局 1】对话框,如图 7-15 所示。

图 7-12 模型或布局选项卡

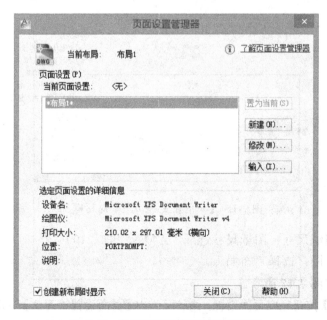

图 7-13 【页面设置管理器】对话框

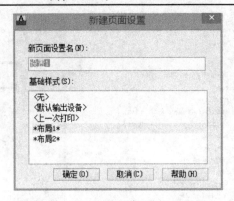

图 7-14 【新建页面设置】对话框

（3）设置【页面设置：布局 1】对话框。分别对"打印机/绘图仪"、"图纸尺寸"、"打印区域"、"打印偏移"、"打印比例"、"打印样式表"、"图形方向"等进行设置，设置方法与模型空间打印相同，如图 7-15 所示。

① 设置打印设备：在打开的【页面设置管理器】对话框中单击【修改】按钮，系统弹出【页面设置-布局 1】对话框，如图 7-15 所示，在"打印机/绘图仪"的下拉列表中，根据所使用计算机 Windows 系统下安装的打印机选择所要用的打印设备，例如，在"名称"下拉列表中选择"HP LaserJet 1020"。

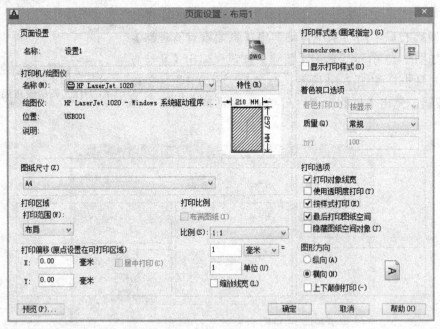

图 7-15 【页面设置-布局 1】对话框

② 设置打印图纸尺寸：图纸尺寸选择"A4"（297×210）。

③ 设置打印范围：选择"布局"。

④ 其他设置如图 7-15 所示。

⑤ 单击【确定】按钮完成页面设置，系统又弹出【页面设置管理器】对话框，将"设置1"置为当前（见图 7-16），单击【关闭】按钮关闭对话框，完成页面设置，回到【布局 1】中。

第 7 章　图形的输出与打印

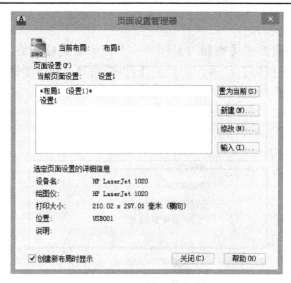

图 7-16　设置完成【页面设置管理器】的对话框

（4）插入图边框和标题栏。将粗线层设置为当前层，输入【矩形】命令，输入一个角点为（25，0），另一个角点为（292，205）即可；用块插入已经画好的标题栏，插入点为图框的右下角点（292，5），如图 7-17 所示，完成布局创建。

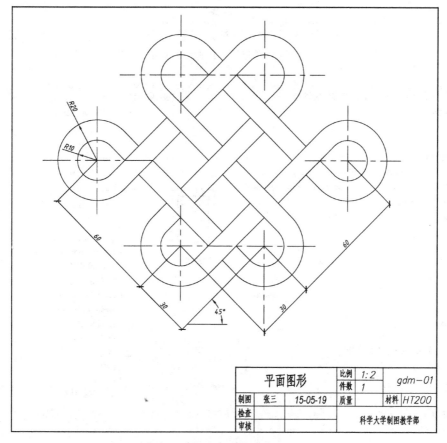

图 7-17　创建完成的【布局 1】

2. 布局打印

将光标放在已经创建好的【布局 1】选项卡上，单击鼠标右键，弹出【编辑】菜单，如图 7-18 所示，选择【打印】菜单，则弹出【打印-布局 1】对话框，如图 7-19 所示。输入打印份数后，即可进行打印。

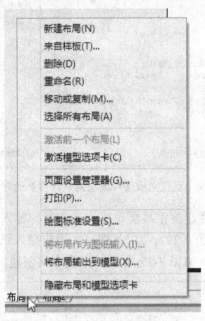

图 7-18 【布局 1】的编辑菜单

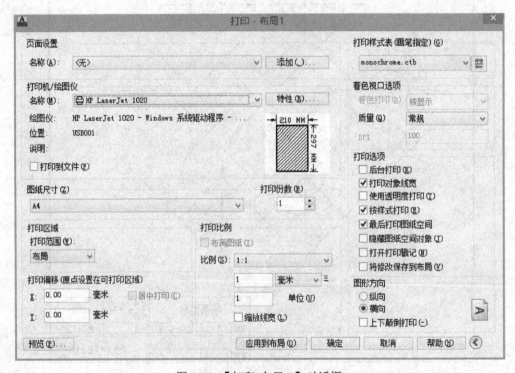

图 7-19 【打印-布局 1】对话框

7.2 电子打印输出图样

7.2.1 PDF 格式电子图样

便携文件格式（PDF）是由美国 Adobe 公司开发的，已成为全世界各种标准组织用来进行更加安全可靠的电子文件分发和交换的出版规范。PDF 已经在企业、政府机构和教育工作者中广为使用，以期简化文件交换、提高生产率、省却纸张流程。从 2009 年 9 月 1 日起，PDF 文件格式已经成为标准的电子文件长期保存格式。越来越多的电子图书、产品说明、公司文告、网络资料、电子邮件开始使用 PDF 格式文件。PDF 格式文件目前已成为数字化信息的一个工业标准。

通过 AutoCAD 系统中的虚拟打印机"DWG TO PDF.pc3"，可以将 AutoCAD 文件设置成只读的 PDF 文件，并保持原文件中颜色、线宽、比例等图形特性。文件的撰写者可以向任何人分发自己制作的 PDF 文件而不用担心被恶意篡改。

1. PDF 格式电子图样打印

打开需要转化的 AutoCAD 文件，然后选择【文件】下拉菜单中【打印】，打开【打印】对话框，其中【打印机/绘图仪】中选择系统的虚拟打印机"DWG To PDF.pc3"，其他设置与模型空间或布局打印相同；然后单击确定按钮后开始虚拟打印。

2. 选择 PDF 文件存放位置：用户可以自己选择存放路径。

3. 阅读 PDF 文件：用户下载安装免费 Adobe Reader 软件后，可以方便地通过台式机、笔记本、平板电脑、智能手机来阅读 PDF 文件，见图 7-20。

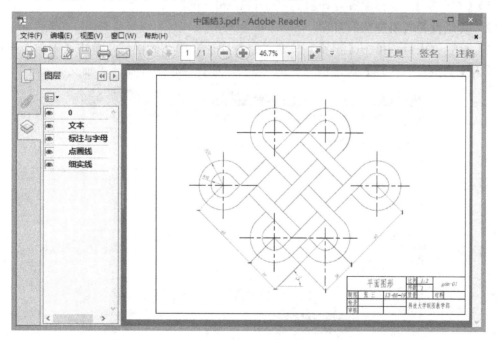

图 7-20 Adobe Reader 界面

7.2.2 DWF 格式电子图样

DWF（Drawing Web Format）是新文件格式（Web 图形格式），是 Autodesk 为了能够在 Internet 上显示 AutoCAD 图形设计的。DWF 是由 Autodesk 开发的一种开放、安全的文件格式，它可以将丰富的设计数据高效率地分发给需要查看、评审或打印这些数据的任何人。DWF 文件高度压缩，因此比设计文件更小，传递起来更加快速，无需一般 AutoCAD 图形相关的额外开销（或管理外部链接和依赖性）。使用 DWF，设计数据的发布者可以按照他们希望接收方所看到的那样选择特定的设计数据和打印样式，并可以将多个 DWG 源文件中的多页图形集后发布到单个 DWF 文件中。

DWF 文件格式支持图层、超级链接、背景颜色、距离测量、线宽、比例等图形特性。用户可以在不损失原始图形文件数据特性的前提下通过 DWF 文件格式共享其数据和文件，可以使用 Autodesk Design Review 浏览器中打开，用户可以从网站http://www.autodesk.com免费下载安装。

1. 创建 DWF 文件

AutoCAD 系统中提供了电子格式输出 eplot（Electronic plotting）的方法来打印输出 DWF 格式的图形文件。

调用命令方式：
命令行：plot
菜单：【标准】→【打印】
工具栏：【标准】

执行命令后弹出【打印】对话框，如图 7-1 所示，进行如下设置：

（1）【打印机】：选择配置打印机为"DWF6.eplot.pc3"；
（2）其他设置同模型空间打印
（3）设置完成后，单击【预览】按钮，查看图形，确认无误后，单击【确定】按钮，系统弹出【浏览打印文件】对话框（见图 7-21），选择保存路径保存"轴支架.dwf"文件。

图 7-21 【浏览打印文件】对话框

2. 浏览文件

安装 Autodesk Design Review 浏览器后，桌面会出现快捷方式图标，如图 2-22 所示。用户双击"风扇叶片.dwf"文件 风扇叶片，就可以将其打开，如图 7-23 所示，同时对文件进行查看、发布、打印和作标记与注释等。

图 7-22　Autodesk Design Review 快捷方式图标

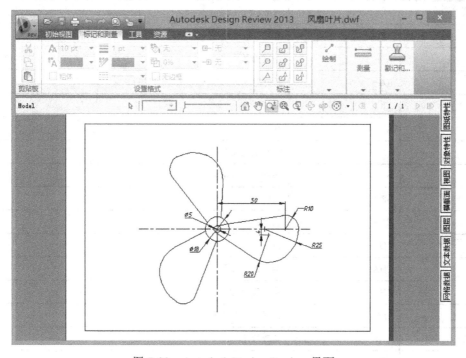

图 7-23　Autodesk Design Review 界面

思考与练习题

7.1　将练习题图 6-24～6-28 的零件图，分别按 A4 纸打印出来。

7.2　将练习题图 6-24～6-28 的零件图，分别按 A4 纸用虚拟打印机"DWG To PDF.pc3"打印输出 PDF 格式的文件。

7.3　将练习题图 6-24～6-28 的零件图，分别按 A4 纸用电子打印机"DWF6.eplot.pc3"打印输出 DWF 格式的图形文件。用 Autodesk Design Review 浏览器打开进行查看。

附 录

附录 A.1 常用 CAD 命令

命令	快捷命令	功用
about		显示关于 AutoCAD 的信息
align	AL	对齐
appload	AP	加载*lsp 等程序
arc	A	创建圆弧
area	AA	计算对象或指定区域的面积和周长
array	AR	阵列
attdef	ATT	块的属性
bedit		编辑块定义的属性特性
block	B	根据选定对象创建块定义
break	BR	在两点之间打断选定对象
circle	C	创建圆
copy	CO	复制
chamfer	CHA	给对象加倒角
chang	CH	修改现有对象的特性
colar	CLO	设置新对象的颜色
dimangular	DAN	角度标注
dimedit	DED	尺寸修改
dimstyle	D	标注样式管理器
dist	DI	测量两点间距离
donut	DO	绘制填充的圆和环
dsviewer	AV	打开视图对话框
dtext	DT	单行文本的设置
erase	E	从图形中删除对象
extend		将对象延伸到另一对象
explode	X	将合成对象分解为其部件对象
fillet	F:	倒圆角
fill		控制诸如图案填充、二维实体和宽多段线等对象的填充

续表

命令	快捷命令	功用
group	G	对象编组
hatch	H:	填充图案、实体填充或渐变填充
insert	I	插入
id	ID	显示位置的坐标
join	J	将对象合并以形成一个完整的对象
layer	LA	管理图层和图层特性
limits		设置并控制栅格显示的界限
line	L	创建直线段
linetype		加载、设置和修改线型
list	LI	显示选定对象的数据库信息
menu		加载自定义菜单文件
measure	ME	将点或块在对象上指定间隔处放置
mirror		创建对象的镜像图像副本
move	M	在指定方向上按指定距离移动对象
mtext	T	多行文本的设置
offset	O	偏移创建同心圆、平行线和平行曲线
options	OP	自定义程序设置
pan	P	在当前视口中移动视图
pline	PL	创建二维多段线
properties	PR	对象特性修改
plot		将图形打印到绘图仪、打印机
point		创建点对象
quickcalc		打开"快速计算"计算器
ray		创建单向无限长的线
rectang	REC	绘制矩形多段线
Se	SE	打开草图设置话框
style	ST	打开字体设置对话框
scale	SC	缩放比例
snap	SN	栅格捕捉模式设置
stretch	S	拉伸
view	V	设置当前坐标
wblock	W	定义块并保存到硬盘中
zoom	Z	缩放

附录 A.2　常用 CAD 快捷键

F1:　获取帮助
F2:　实现作图窗和文本窗口的切换
F3:　控制是否实现对象自动捕捉
F4:　数字化仪控制
F5:　等轴测平面切换
F6:　控制状态行上坐标的显示方式
F7:　栅格显示模式控制
F8:　正交模式控制
F9:　栅格捕捉模式控制
F10:　极轴模式控制
F11:　对象追 踪式控制
Ctrl+B:　栅格捕捉模式控制（F9）
Ctrl+C:　将选择的对象复制到剪切板上
Ctrl+F:　控制是否实现对象自动捕捉（f3）
Ctrl+G:　栅格显示模式控制（F7）
Ctrl+J:　重复执行上一步命令
Ctrl+K:　超级链接
Ctrl+N:　新建图形文件
Ctrl+M:　打开选项对话框
Ctrl+1:　打开特性对话框
Ctrl+2:　打开图象资源管理器
Ctrl+6:　打开图象数据原子
Ctrl+　打开图象文件
Ctrl+P:　打开打印对说框
Ctrl+S:　保存文件
Ctrl+U:　极轴模式控制（F10）
Ctrl+V:　粘贴剪贴板上的内容
Ctrl+W:　对象追 踪式控制（F11）
Ctrl+X:　剪切所选择的内容
Ctrl+Y:　重做
Ctrl+Z:　取消前一步的操作

附录 A.3　全国 CAXC 认证考试 AutoCAD 应用工程师考试样卷

全国 CAXC 认证考试 AutoCAD 应用工程师考试试卷（机械类）

样　　卷

考试时间 150 分钟，总分 100 分

1. 考试要求（10 分）

（1）设置 A3 图幅，用粗实线画出图框（400×277），按尺寸在右下角绘制标题栏，并填写考点名称、考生姓名和考号，字高为 5。字体样式为 T 仿宋 GB2312，宽度比例取 0.8。标题栏尺寸如图所示。

（2）尺寸标注按图中格式。尺寸参数：尺寸线基线间距为 7；尺寸界线超出尺寸线为 2，起点偏移量为 0；箭头大小为 3；数字样式为 gbeitc.shx，字高为 3，数字位置从尺寸线偏移 1，宽度比例为 1。其余参数应符合《机械制图》国家标准要求。

（3）设置图层，分层绘图。图层、颜色、线型、打印要求如下：

层名	颜色	线型	线宽	用途	打印
0	黑/白	实线	0.5	粗实线	打开
细实线	黑/白	实线	0.3	细实线	打开
虚线	品红	虚线	0.3	虚线	打开
中心线	红	点划线	0.3	中心线	打开
尺寸线	绿	实线	0.3	尺寸、文字	打开
剖面线	蓝	实线	0.3	剖面线	打开

另外需要建立的图层，考生自行设置。

（4）将所有要求绘制的图形储存在一个文件中，均匀布置在边框线内。存盘前使图框充满屏幕，文件名采用考号。

2. 按所注尺寸，以 1∶1.5 比例抄画平面图形，并注全尺寸。（20 分）

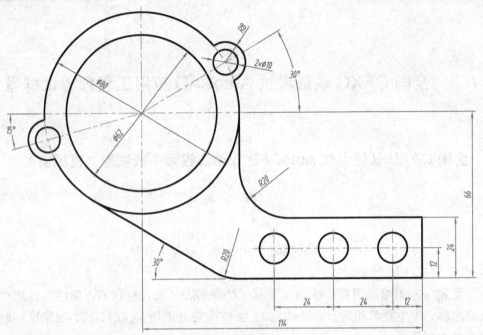

3. 按标注尺寸 1∶1 抄画 3 号件底座的零件图，并注全尺寸和技术要求。（25 分）

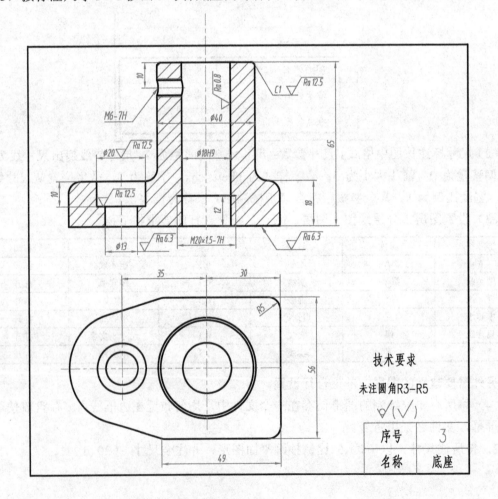

4. 根据给定的零件图（包括第 3 题图），按 1:1 比例绘制装配图，并标注序号和尺寸。（参考装配图见第 4 页）（35 分）

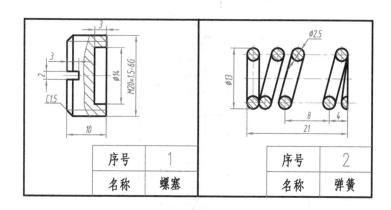

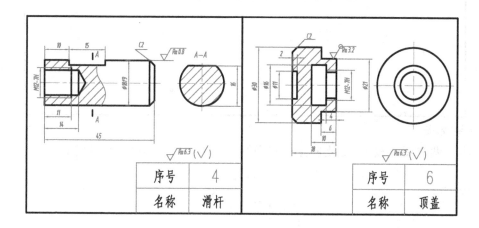

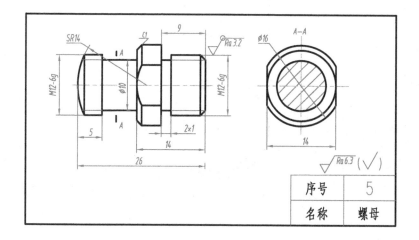

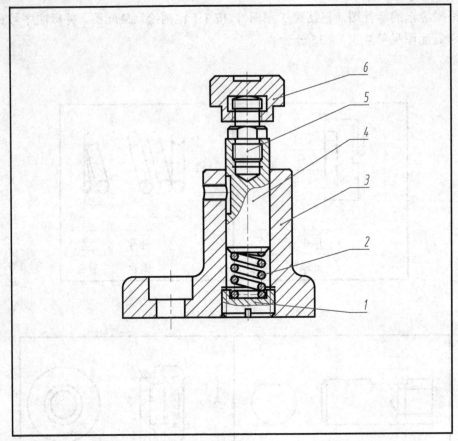

参考装配图

5．根据两视图，按 1∶1 比例画出左视图。（10 分）　（只保留左视图）

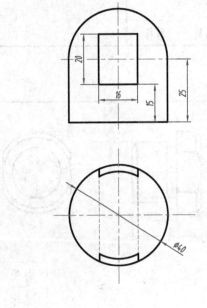

附录A.4 全国计算机辅助技术认证考试样卷

二维CAD工程师考试试卷（电气设计）

考试时间150分钟，总分100分

一、建立样板文件（10分）

1. 设置A3图形界限，并绘制A3图框线，按给定尺寸在右下角绘制标题栏，字高为5。具体要求：字体样式为T仿宋GB2312，宽度比例取0.7。标题栏尺寸如下图所示。

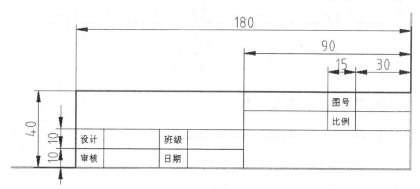

2. 设置文字样式：
（1）尺寸——isocp.shx 字高为5，宽度比例0.7
（2）汉字——仿宋体 字高为5 宽度比例0.67
3. 设置图层，分层绘图。图层、颜色、线型、线宽及打印要求如下：

层名	颜色	线型	线宽	用途	打印
元件层	黑/白	实线	0.7	粗实线	打开
连线层	青	实线	0.18	细实线	打开
虚线	黄（蓝）	虚线	0.35	中粗虚线	打开
标注层	红	实线	0.18	细实线	打开

另外需要建立的图层，考生自行设置。

4. 将所有要求绘制的图形均匀布置在图框之内，存储在一个文件夹中，存盘前使图框充满屏幕，文件夹名采用考号。文件名按照考号+题号命名。

二、绘制烟雾控制原理图（45分）

1. 绘制下列电气元件，并将其建立块。（18分）
2. 调用1中绘制的块，利用建立的A3样板文件绘制烟雾控制原理图。（27分）

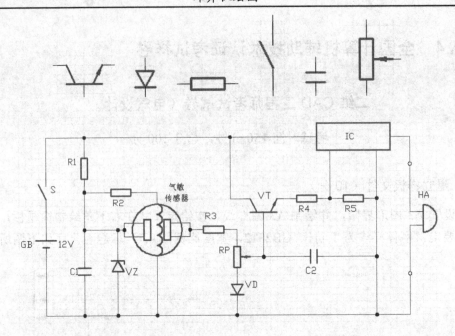

三、绘制异步电动机控制电路图（45分）

1. 绘制下列电气元件，并将其建立块。（18分）

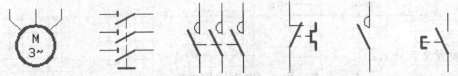

2. 调用1中绘制的块，利用建立的A3样板绘制异步电动机电路图。（27分）

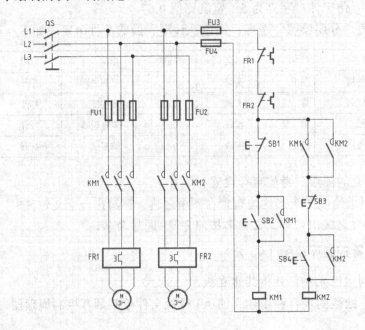

参 考 文 献

[1] 王颖等编.计算机绘图-精讲多练.北京：高等教育出版社，2010.7
[2] 胡仁喜等编.AutoCAD 2006 中文版标准教程.北京：科学出版社，2006.3
[3] 郭钦贤主编.AutoCAD 实用问答与技巧.北京：北京航空航天大学出版社，2008.6
[4] 顾东明主编.现代工程图学.北京：北京航空航天大学出版社，2008.7
[5] 杨德星等编.工程制图基础.北京：清华大学出版社，2011.8
[6] 崔晓利等编.中文版 AutoCAD 工程制图-上机练习与指导(2012 版).北京：清华大学出版社，2009.6
[7] 陈超敏 苏志宏主编.中文 AutoCAD 2007 工程制图实用教程.北京：冶金工业出版社，2006.11
[8] 李曼等编.AutoCAD 2012 中文版实用教程北京：电子工业出版社，2012.1
[9] 赵建国等主编.AutoCAD 快速入门与工程制图.北京：电子工业出版社，2012.9
[10] 陈志民主编.AutoCAD 2012 实用教程.北京：机械工业出版社，2011.5
[11] 钟日铭等编.AutoCAD 2012 中文版入门•进阶•精通(第 2 版).北京：机械工业出版社，2011.7
[12] 李善锋等编.AutoCAD 2012 中文版完全自学教程 北京：机械工业出版社，2012.3

反侵权盗版声明

电子工业出版社依法对本作品享有专有出版权。任何未经权利人书面许可，复制、销售或通过信息网络传播本作品的行为；歪曲、篡改、剽窃本作品的行为，均违反《中华人民共和国著作权法》，其行为人应承担相应的民事责任和行政责任，构成犯罪的，将被依法追究刑事责任。

为了维护市场秩序，保护权利人的合法权益，我社将依法查处和打击侵权盗版的单位和个人。欢迎社会各界人士积极举报侵权盗版行为，本社将奖励举报有功人员，并保证举报人的信息不被泄露。

举报电话：（010）88254396；（010）88258888
传　　真：（010）88254397
E-mail：dbqq@phei.com.cn
通信地址：北京市万寿路173信箱
　　　　　电子工业出版社总编办公室
邮　　编：100036